Touhami Lanez
Assia Djouadi

Evaluation de l'activité antioxydante de deux variétés d'aubergine

Touhami Lanez
Assia Djouadi

# Evaluation de l'activité antioxydante de deux variétés d'aubergine

Utilisation de la voltampérométrie cyclique et ondes carrées

Éditions universitaires européennes

**Impressum / Mentions légales**
Bibliografische Information der Deutschen Nationalbibliothek: Die Deutsche Nationalbibliothek verzeichnet diese Publikation in der Deutschen Nationalbibliografie; detaillierte bibliografische Daten sind im Internet über http://dnb.d-nb.de abrufbar.
Alle in diesem Buch genannten Marken und Produktnamen unterliegen warenzeichen-, marken- oder patentrechtlichem Schutz bzw. sind Warenzeichen oder eingetragene Warenzeichen der jeweiligen Inhaber. Die Wiedergabe von Marken, Produktnamen, Gebrauchsnamen, Handelsnamen, Warenbezeichnungen u.s.w. in diesem Werk berechtigt auch ohne besondere Kennzeichnung nicht zu der Annahme, dass solche Namen im Sinne der Warenzeichen- und Markenschutzgesetzgebung als frei zu betrachten wären und daher von jedermann benutzt werden dürften.

Information bibliographique publiée par la Deutsche Nationalbibliothek: La Deutsche Nationalbibliothek inscrit cette publication à la Deutsche Nationalbibliografie; des données bibliographiques détaillées sont disponibles sur internet à l'adresse http://dnb.d-nb.de.
Toutes marques et noms de produits mentionnés dans ce livre demeurent sous la protection des marques, des marques déposées et des brevets, et sont des marques ou des marques déposées de leurs détenteurs respectifs. L'utilisation des marques, noms de produits, noms communs, noms commerciaux, descriptions de produits, etc, même sans qu'ils soient mentionnés de façon particulière dans ce livre ne signifie en aucune façon que ces noms peuvent être utilisés sans restriction à l'égard de la législation pour la protection des marques et des marques déposées et pourraient donc être utilisés par quiconque.

Coverbild / Photo de couverture: www.ingimage.com

Verlag / Editeur:
Éditions universitaires européennes
ist ein Imprint der / est une marque déposée de
OmniScriptum GmbH & Co. KG
Heinrich-Böcking-Str. 6-8, 66121 Saarbrücken, Deutschland / Allemagne
Email: info@editions-ue.com

Herstellung: siehe letzte Seite /
Impression: voir la dernière page
**ISBN: 978-3-8417-4209-4**

Copyright / Droit d'auteur © 2015 OmniScriptum GmbH & Co. KG
Alle Rechte vorbehalten. / Tous droits réservés. Saarbrücken 2015

**Evaluation de l'activité antioxydante de deux variétés d'aubergine
Utilisation de la voltampérométrie cyclique et ondes carrées**

DJOUADI ASSIA
LANEZ TOUHAMI

## Résumé :

Ce travail est une contribution à l'étude de la teneur des polyphénols totaux et de l'activité antioxydante de deux variétés d'aubergines cultivées dans la région d'El-oued (Guemar). Les méthodes utilisées sont le test de Folin-Ciocalteu pour quantifier des polyphénols totaux et les techniques électrochimiques pour la mesure de l'activité antioxydante. La corrélation entre l'activité antioxydante et la teneur en composés phénoliques totaux a été également investiguée.

La combinaison de méthode d'analyse chimique utilisant spectrophotométrie (UV) et électrochimique (CV et SWV) nous a permis de faire une évaluation quantitative et qualitative des composés phénoliques extraits des deux variétés d'aubergine. Les résultats de ces travaux nous ont permis d'affirmer que les extraits des cortex étudiés présentent une propriété antioxydante très élevée et révèlent leurs richesses en contenu polyphénolique par apport au fruit entier et la pulpe. Les mêmes études ont été réalisées sur les aubergines congelées, les résultats ont été moins significatifs pour les cortex. Les extraits de l'aubergine violette-pourpre ont été les extraits les plus actifs et montrent une activité antioxydante intéressante par apport à l'aubergine blanche.

Les résultats de ces travaux nous ont permis d'affirmer que l'ensemble des extraits des aubergines étudiés présente des très bonnes propriétés antioxydantes.

Sommaire
INTRODUCTION GÉNÉRALE ............... 5
Chapitre I: Généralité sur l'aubergine ............... 11
I. L'aubergine *(Solanum melongena L.)* ............... 12
I.1. Introduction : ............... 12
I.2. La famille des Solanacées : ............... 12
   I.2.1. Caractéristique botaniques de la famille : ............... 12
I.3. Le genre *Solanum* : ............... 13
I.4. L'éspèce *Solanum melongena L.*: ............... 13
   I.4.1. Description botanique de l'espèce : ............... 13
   **I.4.2. Place dans la systhématique :** ............... 14
   I.4.3. Historique :Origine et répartition géographique : ............... 15
   **I.4.4. Habitat :** ............... 16
   I.4.5. Croissance et développement : ............... 16
   I.4.6. Traitement après récolte : ............... 17
   **I.4.7. Les différentes variétés de *solanum melongena L.*:** ............... 17
   **I.4.8. Composition chimique :** ............... 19
   I.4.9. Principales caractéristiques : ............... 21
   I.4.10. Principes actifs et propriétés : ............... 22
   ✓ A savoir sur l'aubergine : ............... 23
   **I.4.11. Caractéristiques nutritionnelles et usage :** ............... 24
   II.3.12. Production et commerce international : ............... 25
Références ............... 25
Chapitre II : Radicaux libres, Antioxydants et Activité antioxydante ............... 29
**II. Radicaux libres, Antioxydants et Activité antioxydante:       II.1. Paradoxe de l'oxygène :** ............... 30
II.4. Principales sources d'espèces réactives de l'oxygène : ............... 32
   II.4.1. Sources exogènes d'ERO : ............... 32
   II.4.2. Sources endogènes de ERO : ............... 32
II.5. Le stress oxydant : ............... 33
II.6. Les antioxydants : ............... 33
   II.6.1. Définition : ............... 33
   II.6.2. Systèmes de défense : ............... 34

II.6.2.1. Antioxydants enzymatiques : ............... 34

II.6.2.2. Antioxydants non enzymatiques : ............... 35

II.6.3. Les polyphénols et les ions métalliques : ............... 46

Références ............... 52

Chapitre III: Matériels et Méthodes ............... 59

III. Matériels et méthodes : ............... 60

III.1.1.Matériels de laboratoire : ............... 60

III.1.2. Matériel végétal : ............... 60

III.1.2.1. Echantillonnage et description : ............... 60

III.1.2.2. Préparation des échantillons : ............... 61

III.2. Méthodes : ............... 61

III.2.1. Protocole utilisé pour l'extraction des composés phénoliques : ............... 61

III.2.2. Dosage des polyphénols totaux : ............... 64

III.2.3. Evaluation de l'activité antioxydante des extrais d'aubergine : ............... 65

III.2.3.1.Techniques expérimentales utilisées : ............... 65

III.2.3.2. Voltammétrie cyclique : ............... 69

III.2.3.3. Méthode de voltammétrie à onde carrée : ............... 73

III.2.3.4. Etude de l'activité antioxydante des aubergines : ............... 75

Références ............... 79

Chapitre IV : Résultats et discussion ............... 81

IV.1. Analyse quantitative des composés phénoliques : ............... 82

IV.1.1. Fraction éthanolique : ............... 83

IV.1.2. Fraction aqueuse : ............... 85

IV.3.1. Méthode électrochimique : ............... 91

IV.3.2. Réponse de courant et la courbe d'étalonnage : ............... 91

IV.3.2.1. Fractions phénoliques éthanoliques : ............... 93

IV.3.2.2. Fractions phénoliques aqueuses : ............... 95

IV.4. Corrélation entre la teneur en polyphénols totaux et l'activité antioxydante : ............... 100

IV.4.1. Fraction éthanolique : ............... 100

IV.4.2. Fraction aqueuse : ............... 101

CONCLUSION GÉNÉRALE ............... 104

# INTRODUCTION GÉNÉRALE

Le *Solanum mélongena L.*, communément appelé aubergine, est un fruit comestible de la famille des *Solanacées*, extrêmement populaire dans plusieurs régions du globe et généralement, il est cuit comme un légume et entre dans la composition de plusieurs plats.

L'aubergine est un fruit-légume qui possède une importance économique et traditionnelle dans les pays méditerranéens et en Asie. On la rencontre aussi en Amérique et en Afrique. Sa culture est possible dans des climats très variés (tempérés, tropical sec ou humide). Ainsi, elle renferme de nombreux types de cultivar qui sont variés entre eux selon la couleur, la taille et la forme d'aubergine.

L'aubergine contient de nombreux métabolites secondaires notamment les polyphénols et elle constitue une bonne source de vitamines et minéraux (particulièrement K), sa valeur nutritionnelle est comparable à celle de la tomate, qui est un fruit de la même famille. Alors, il est d'ingrédient apprécié de haute valeur nutritionnelle et des activités biologiques.

Les polyphénols sont des composés aromatiques hydroxylés, on les trouve couramment dans les légumes, les fruits et dans de nombreux sources alimentaires. Beaucoup de ces composés phénoliques sont essentiels à la vie végétale et surtout dans la défense contre les attaques microbiennes [1].

Les composés phénoliques sont un groupe complexe de substances naturelles qui ont attiré une attention considérable par les chercheurs en raison de leurs rôles bénéfique sur la santé humaine [1,2]. Parmi les avantages associés à la consommation des aliments riches en polyphénols leurs activités antioxydantes [3,4].

Les antioxydants alimentaires de fruits et légumes sont proposées pour protéger les cellules contre les dommages du stress oxydatif [5]. Plusieurs travaux de recherche ont permis de mettre en évidence l'implication des radicaux libres au cours des processus des dommages cellulaires dans l'organisme. De multiples structures biologiques telles que les protéines, les lipides, les sucres, l'ADN, subissent des attaques oxydantes de la part de ces radicaux, provoquant des altérations et des dysfonctionnements cellulaires à l'origine de nombreuses pathologies (maladies cardiovasculaires, maladies neurodégénératives, cancers, diabète, ...).

L'organisme a pourvu plusieurs moyens de défense dont les molécules antioxydantes de faibles poids moléculaires. Ces molécules réductrices consomment directement les radicaux libres formés au cours de réactions d'oxydoréduction. Un déséquilibre entre la production excessive de molécules oxydantes et/ou une diminution du taux d'antioxydants dans l'organisme est défini par le terme de stress oxydant. Pour lutter contre le stress oxydant, des supplémentations en antioxydants au niveau de l'organisme sont réalisées par la consommation de fruits et légumes. Ceux-ci sont constitués d'un grand nombre de composés et de métabolites secondaires.

Il y a plusieurs publications de recherche décrivant les bienfaits des composés polyphénoliques extraits de l'aubergine [6] et d'après Cao et ses collaborateurs l'aubergine a une capacité antioxydantes élevée grâce à sa teneur élevée en composés phénoliques [7].

L'aubergine est classée parmi les dix premiers légumes en termes de sa capacité d'adsorption des radicaux oxygénés [6]. Ainsi, en raison de la conscience des effets bénéfiques sur la santé associés à la consommation accrue de fruits et de légumes et de la croissance de la diversité ethnique, on constate que la consommation d'aubergine est en augmentation dans certains pays, comme les Etats-Unis [6].

La présente étude est consacrée à la valorisation des aubergines locales. Cette valorisation consiste à mesurer l'activité antioxydante des polyphénols des différents extraits éthanoliques des différentes parties d'aubergine : cortex, pulpe et fruit entier, dans les deux cas frais et congelé afin de mettre en évidence leurs importances sur le plan nutritionnel et pharmaceutique.

Ce travail a été entrepris pour plusieurs raisons :
- Les différents types d'aubergines sont couramment cultivés dans les régions chaudes d'Algérie (sud Algérien) malgré qu'on les retrouve aussi dans les autres zones cultivés sous serres.

- Ces fruits légumes sont riches en composés phénoliques. Selon la littérature la quantité des produits naturels présents dans les fruits et les légumes est fortement influencée par le cultivar, le type de sol, l'environnement et les conditions de développement et de stockage. La qualité des légumes et fruits peut être aussi influencés par le mode d'agriculture [6].

- Beaucoup de recherches scientifiques sur l'activité antioxydantes de l'aubergine ont été *in vivo* réalisées. Cette étude a été effectuée avec une nouvelle méthode qui est la méthode électrochimique et sur des échantillons d'aubergines frais et congelés.

L'activité antioxydante des produits alimentaires est souvent évaluée en utilisant des méthodes qui sont en général longues, nécessitant parfois l'utilisation de réactifs onéreux et dangereux.

Une méthode électrochimique appropriée basée sur la technique de la **voltampérométrie cyclique** et **la voltampérométrie à onde carrée**, rend possible la réalisation de cette étude en quelques minutes.

Dans ce mémoire, nous avons répandu à trois objectifs :

✓ Des travaux antérieurs réalisés au laboratoire [8,9] ont démontré la possibilité d'analyser des fruits et des légumes par de simples mesures électrochimiques. Le signal anodique obtenu sur les voltammogrammes, rend compte de la contribution de l'ensemble des molécules antioxydantes et des éventuelles interactions mises en jeu et qui représente la capacité antioxydante globale du produit étudié. L'objectif est alors d'utiliser des techniques électrochimiques afin d'évaluer la propriété antioxydante de nos échantillons d'aubergine, frais et congelés, cette étude est une suite à une étude effectuée sur des aubergines sèches [10].

✓ À cause de la variation de la composition chimique selon les parties (fruit entier, pulpe et cortex) et le type d'aubergine à étudier, dans ce cas l'objectif est de faire la comparaison entre l'activité antioxydante de chaque partie.

✓ Dans ce travail, l'intérêt s'est porté sur la comparaison entre des aubergines fraîches et congelées

De ces objectifs, le plan de la mémoire sera comme suit :

A travers cette étude, nous sommes intéressés dans le premier chapitre à donner quelques connaissances bibliographiques sur l'aubergine.

Dans le deuxième chapitre, nous avons abordé les différentes connaissances bibliographiques sur les radicaux libres qui sont les espèces réactives de l'oxygène, le stress oxydant, les différents types des antioxydants et en particulier les polyphénols ainsi que les méthodes utilisées précédemment pour évaluer l'activité antioxydante.

Dans la partie expérimentale, nous avons développé dans la première partie le matériel et les méthodes analytiques utilisées pour l'extraction, le dosage colorimétrique des polyphénols et la technique électrochimique pour la mesure de l'activité antioxydante. La deuxième partie été consacrée aux résultats obtenus dans notre étude.

# Références

[1] R. Apak, K. Güçlü, B. Demirata, M. Özyürek, S. Esin Çelik, B. Bektaşoğlu, K. Işıl Berker, and D. Özyurt (2007), Comparative Evaluation of Various Total Antioxidant Capacity Assays Applied to Phenolic Compounds with the CUPRAC Assay .Molecules ,12:1496-1547.

[2] M.Horbowicz, R. Kosson, A. Grzesiuk, H. Debski (2008), Anthocyanins of Fruits and Vegetables- their Occurrence, Analysis and Role in Human Nutrition; 68: 5-22.

[3] E. Sadilova, F.C. Stintzing R. Carle (2006), Anthocyanins, Colour and Antioxidant Properties of Eggplant (Solanum melongena L.) and Violet Pepper (Capsicum annuum L.) Peel Extracts; Z. Naturforsch. 61: 527-535.

[4] C. Kaur1, H. C. Kapoor (2002), Anti-oxidant activity and total phenolic content of some Asian vegetables. International Journal of Food Science and Technology, 37:153-161.

[5] P. Wetwitayaklung,T. Phaechamud2 (2011), Antioxidant activities and phenolic content of Solamun and Capsicum sp. RJPBCS, 2(146) :146-154.

[6] J. Prohens1, A. Rodríguez-Burruezo, M. D. Raigón ,F. Nuez (2007), Total Phenolic Concentration and Browning Susceptibility in a Collection of Different Varietal Types and Hybrids of Eggplant: Implications for Breeding for Higher Nutritional Quality and Reduced Browning. J. Amer. Soc. Hort. Sci., 132(5):638–646.

[7] G. Cao, E. Sofic, R.L. Prior. (1996), Antioxidant capacity of tea and common vegetables. J. Agr. Food Chem. , 44:3426–3431.

[8] P. Kilmartin, H. Zou, and A.Waterhouse (2001), A Cyclic Voltammetry Method Suitable for Characterizing Antioxidant Properties of Wine and Wine Phenolics. J. Agric. Food Chem. 49:1957-1965.

[9] C. H. V. Hoyle, J. H. Santos (2010), Cyclic voltammetric analysis of antioxidant activity in citrus fruits from Southeast Asia. International Food Research Journal 17: 937-946

[10] C. Boubekri , Etude de l'activité antioxydante des polyphénols extraits de solanum melongena par des techniques électrochimiques, thèse de Doctorat, université d'El-Oued, en cours.

# Chapitre I
## Généralité sur l'aubergine

# I. L'aubergine *(Solanum melongena L.)*

## I.1. Introduction :

L'aubergine *(Solanum melongena L.)*, fait partie de la famille des solanacées. Elle est un produit végétal tropical et le septième légume le plus consommé au monde (FAO, 1989) qui occupe une place économique importante en Asie, en Afrique et dans les régions subtropicales, mais elle est aussi cultivée dans certaines régions tempérées comme la zone méditerranéenne et le sud des États-Unis [1]. Plus faible que celle de la tomate, sa valeur nutritionnelle est cependant comparable à celles des autres légumes [2].

Selon l'Annuaire de la production FAO 1994, les zones de production mondiale d'aubergine étaient 556 000 hectares et la production totale, était de 8 979.000 tonnes métriques. L'Asie a la plus grande production de l'aubergine, qui constitue plus de 90% de la zone de production mondiale et 87% de la production mondiale. (Les données ne comprennent pas l'Inde et le Bangladesh). Gill et Tomar (1991) signale 299770 ha de zone de production d'aubergine en Inde, et 29 150 ha au Bangladesh en 1992-93, ce qui porte le total de près de 830 000 ha d'Asie. L'aubergine peut être cultivée dans presque toutes les parties de l'Inde toute l'année, sauf dans les altitudes plus élevées [3].

## I.2. La famille des Solanacées :

La famille des solanacées est l'une des grandes familles du monde végétal, du fait du grand nombre d'espèces qu'elle comporte (de l'ordre de 2300) et de nombreux usages que l'homme en fait (alimentaire, condimentaire, médicinal, pharmaceutique, narcotique, magique et ornemental) [4].

### I.2.1. Caractéristique botaniques de la famille :

La famille des Solanacées a depuis longtemps une réputation un peu magique, sans doute du fait que de nombreuses plantes de cette famille sont vénéneuses.

Pour le botaniste, les Solanacées peuvent être reconnues par ces quelques caractères fondamentaux : fleur régulières, corolle à 5 pétales soudés, 5 étamines, ovaires à 2 carpelles. Ce sont principalement des plantes herbacées annuelles, plus rarement bisannuelles (jusquiame), vivaces (pomme de terre) ou pérennantes formant des arbrisseaux ou des sous-arbrisseaux adressés, grimpants, sarmenteux et spinescents. Les feuilles sont généralement alternes, simples, sans stipules. Quelques genres ou espèces ont des feuilles composées-pennées (pomme de terre, tomate) [4].

Les inflorescences sont généralement des cymes bipares, troublées par des phénomènes d'avortement conduisant à des cymes bipares hélicoïdales ou ombelliformes (pomme de terre). On trouve souvent aussi des fleurs solitaires.

Les Solanacées cultivées présentent une importante diversité qui porte sur les espèces, mais aussi sur les origines géographiques, les modes de production, les organes utiles et les modes de consommation. Les unes donnent des tubercules (pomme de terre), des fruits qui servent à l'alimentation (tomate, aubergine, piment ...). D'autres espèces, riches en principes actifs qui peuvent être toxiques, vénéneux, ont une grande importance en pharmacie et en médecine [4].

### I.3. Le genre *Solanum* :

*Solanum* est l'un des plus grands genres de plantes vasculaires, ayant 7 sous-genres et plus de 1500 espèces décrites. Il comporte des espèces importantes pour l'alimentation [3,5].

### I.4. L'éspèce *Solanum melongena L.* :
### I.4.1. Description botanique de l'espèce :

Herbe annuelle dressée, ramifiée, ou sous-arbrisseau pérenne, de courte longévité, atteignant 1-1.50 m de hauteur, à longue racine pivotante ; Tiges et rameaux à pubescence de poils étoilés [5] à 8-10 bras.

Les feuilles sont grandes, simples, lobées alternative sur les tiges ; pétiole de 6-10 cm de long ; à limbe ovale à oblong, aigu à obtus au sommet, tronqué à obtus ou oblique à la base, 5-20 4-15 cm, à pubescence dense sur la face inférieure, formée d'un indument de poils étoilés, grisâtre ou gris violet [3,5,6].

Inflorescence : Les fleurs sont grandes, de couleur violette ou blanche, souvent solitaires, mais elles sont trouvées en grappes de deux ou plus. Calice campanulé, à tube long de 5 mm, profondément 5-lobé, les lobes longs de 1-1.5 cm, accrescent, tomenteux à l'extérieur et portant quelques aiguillons souples, corolle rotacée-pentagonale, de 2-4 cm de diamètre, bleu ou blanche, à tomentum pourpre ou violet pâle sur la face externe, formé de poils étoilés : lobes triangulaires-ovales. Les tiges, les feuilles et le calice de certains cultivars sont épines [3,5,6].

Le fruit (*Solanum melongena L*) est un pendentif, baie charnue de forme variable, subglobuleuse à ovoïde, oblongue, obovoïdes, ou à long cylindrique; ou allongée, ou piriforme [3,5], de 2-35 cm de long (parfois plus longue), de 2-20 cm de large, aspect plus ou moins lisse et luisant, couleur (au stade commercial) blanche, verte ou à nuances de violet pâle à foncé et à noir, parfois réticulée ou zébrée, jaune à brune à maturité, lustrée, généralement pourpre noire [5], contenant de nombreuses graines. Graines lenticulaires à sub-réniformes, aplaties, de 3mm 4 mm, petites et brunes pâles [6,5]

### I.4.2. Place dans la systhématique :

Suivant la classification de Cronquist (1988), nous avons la systématique suivante :

**Règne :** *Plantae*

**Sous-règne :** *Tracheobionta*

**Embranchement Division:** Magnoliophyta
**Classe :** Magnoliopsida
**Sous-classe :** Asteridae
**Ordre :** *Solanales*
**Famille :** *Solanaceae*
**Genre :** *Solanum*
**Espèce :** *Solanum melongena* L.
**Nom commun :** *aubergine*.
**Nom scientifique :** *Solanum melongena*
d'aubergine
var. *esculentum*.

*Figure I.1.* Fruits

**Noms vernaculaires :** *Bâdinjân (Ar), Aubergine, bringelle, mélongène (Fr). Eggplant, aubergine, brinjal (En). Beringela (Po). Mbiringanya, mbiligani (Sw)*.

### I.4.3. Historique : Origine et répartition géographique :

L'aubergine, *Solanum melongena* Linn. Originaire du sud-est asiatique et des îles du Pacifique [7]. Elle a été domestiquée en Inde où l'on pense qu'elle est consommée depuis 2 500 ans à 4 000 ans. Depuis l'Inde, elle s'est diffusée en Chine (autour de 700 ans avant notre ère) où l'on a produit des variétés à petits fruits de couleur verte, blanche, rouge et lavande. Elle a été introduite dans le monde arabe dès le IXe siècle, migrant jusqu'en Égypte à l'ouest, et en Turquie au nord. Elle a fait son apparition en Espagne entre le VIIIe et le XIe siècle. Dans ce pays, on a vite appris à l'apprécier, mais ailleurs en Europe, on s'en méfié longtemps, probablement à cause de sa ressemblance avec les plantes toxiques (mandragore, datura, belladone) de la famille des solanacées.

Par corruption du nom italien *melanzena*, on l'appellé *mala insana* (littéralement « pomme malsaine ») et on l'accusé de rendre fous ceux qui la consomment [8].

L'aubergine est connue des Arabes depuis longtemps: «le botaniste Ibn Baytar la mentionne dès le XIIIe siècle» [9]. D'Afrique du Nord, de Ghadames (en Libye actuelle à la frontière de l'extrême sud tunisien), de Ouargla (Algérie), de Sidjil massa (Maroc), l'aubergine atteint le Soudan, au moyen âge, au travers du Sahara, pour y connaître son extension d'aujourd'hui [7]. Le terme « aubergine », qui est apparu dans la langue en 1750, vient du catalan *albergina*, qui l'a emprunté à l'arabe *al-bâdinjân*. À noter que le mot français est employé dans de nombreuses langues, y compris chez les Anglo-Saxons.

Les Espagnols l'on introduit en Amérique latine au XVI$^e$ siècle, mais elle n'apparait en Amérique du Nord que 150 ans plus tard. Jusque dans les années 1950, on ne produit pour la consommation humaine que les variétés à gros fruits pourpres, les autres étaient réserver au jardin ornemental [8].

De nos jours, l'aubergine est cultivée dans le monde entier, dans toutes les régions chaudes et tempérées mais ses deux principales régions de production sont l'Asie et la région méditerranéenne [6].

Il existe une multitude de variétés d'aubergines dont la taille varie du petit pois au melon et la couleur, du blanc au pourpre, en passant par le vert, le jaune et l'orange. Il se pourrait que, dans un proche futur, s'ajoutent à cette riche gamme des fruits venus d'Afrique [8].

### I.4.4. Habitat :

Elle pousse bien dans des conditions de fortes températures, de lumière abondante et d'eau en quantité importante. A cause de ses origines tropicales, on conseille une culture sous serre aux jardiniers du nord de la Loire et de tout climat frais et humide [8].

### I.4.5. Croissance et développement :

Dans les climats tempérés, l'aubergine est cultivée comme plante annuelle ; dans les climats tropicaux, c'est une plante vivace à vie courte (atteignant 2 ans en culture commerciale, davantage dans les jardins familiaux). La hauteur des plantes peut dépasser 2 m en conditions tropicales [6]

### I.4.6. Traitement après récolte :

Les fruits d'aubergine sont sujets à une déshydratation rapide après la récolte, perdant leur couleur, leur brillance et leur aspect lisse. Plus les fruits sont jeunes et allongés, plus ils sont sensibles à la déshydrations. C'est pour cette raison que les aubergines doivent être récoltées au bon stade de développement et doivent être transportées rapidement du champ à un endroit frais et couvert. Elles doivent être vendues en quelques jours après la récolte [6] et consommée le plus rapidement possible après l'achat [8]. En conditions contrôlées, on peut conserver les fruits jusqu'à 10 jours dans le bac à légumes du réfrigérateur [6]. L'aubergine n'aime pas le froid et se conserve mal au réfrigérateur [8]. La température de stockage ne doit pas tomber en dessous de 15°C pour éviter les dégâts causés par le froid [6].

### I.4.7. Les différentes variétés de *solanum melongena L.*:

L'aubergine appartient au sous-genre *Leptostemonum*, le plus important des 7 sous-genres du *Solanum*. Ce sous-genre est subdivisé en 27 sections [4].

L'aubergine est une espèce présentant une grande variabilité dans ses caractères morphologiques (la couleur et la forme des fruits, l'habitat de croissance, et la vigueur des plantes etc…). Les attributs physiologiques (précocité de la floraison, l'absorption d'eau, et la transpiration, etc.…) et les caractéristiques biochimiques (amertume de fruits, etc.) [3].

D'après les différentes variétés de *S. melongena* qui ont été cités. Il en existe une multitude de variétés, dont la taille va du petit pois au melon. Bien que l'aubergine d'un beau pourpre foncé soit la plus courante dans les marchés occidentaux, on en cultive aussi de couleur blanche, verte, jaune et orange.

Des variétés à fruits allongés violet pourpre foncé à noir : « Aubergine violette longue » (synonyme « Aubergine de Narbonne »), « Aubergine noire de Nagasaki », « Aubergine violette longue hâtive », « Aubergine très hâtive de Barbentane » (la plus productive en Région parisienne).

Des variétés à fruits ovoïdes, de différentes intensités de violet, comme « Aubergine violette naine très hâtive », « Aubergine violette ronde », « Aubergine violette ronde très grosse » (synonyme « Aubergine monstrueuse de New-York »), « Aubergine ronde de Chine » (synonyme noire de Pékin). On y trouve aussi des variétés de différentes formes à fruits blancs, verdâtres, blanc zébré de violet, vert et blanc [10].

❖ **Certaines variétés d'aubergines :**

- ✓ **L'aubergine graffiti** différente, décorative, de même taille que l'aubergine classique, au goût légèrement plus relevé [Figure I.2. (1)].
- ✓ **La blanche** (ronde ou longue) : chair ferme avec de gros pépins, légèrement sucrée. Goût fin, texture compacte, elle absorbe moins de matière grasse à la cuisson [Figure I.2. (2)].
- ✓ **La jaune**, ronde, petite, à la peau d'un beau jaune vif et à la chair vert tendre. Beaucoup de pépins, amère et acide [Figure I.2. (3)].
- ✓ **L'aubergine violette longue** : la plus courante; longue, presque noire, à chair molle avec peu de pépins. Saveur équilibrée, peu amère [Figure I.2. (4)].
- ✓ **La violette striée** ou aubergine italienne : légèrement recourbée, sans pépins. Goût identique à la violette.
- ✓ **La Little finger**, plus petite, très foncée, chair parfumée et tendre.
- ✓ **La violette de Florence** : presque ronde, blanche et violette, chair ferme, peu de pépins. Légèrement sucrée [Figure I.2. (5)] [11].

*Figure I.2.* Quelques variétés d'aubergine.

## I.4.8. Composition chimique :

Sur le plan sanitaire, la consommation de l'aubergine crue risque de provoquer intoxications d'où leur consommation sous forme cuite est fortement recommandée. Sur le plan agroalimentaire, elle entre dans la préparation de nombreux plats cuisinés, soupes et sous différentes formes. L'aubergine est caractérisée par une teneur très élevée en eau et riche en fibres (notamment des matériels pectiques) avec seulement des quantités très faibles en vitamines et minéraux. Le Tableau (1) illustre les différents constituants de l'aubergine selon la littérature [12].

Il s'agit d'une composition moyenne donnée à titre indicatif : les valeurs sont à considérer comme des ordres de grandeur, susceptibles de varier selon les variétés, la saison, le degré de maturité, les conditions de culture, etc.

| Composant | Valeur certifiée (a) | Composant | Valeur certifiée (a) |
|---|---|---|---|
| Energie | 82 Kcalorie | **Vitamines** | |
| Eau | 92 - 94 g | Vitamines E | 30 µg |
| Protéines totales | 0.8 - 1.3 g | Vitamines B1, thiamine | 50 µg |
| Glucides totaux | 2 - 2.8g | Vitamines B2, riboflavine | 30 µg |
| Fructose | 1 - 1.4g | Niacine | 8 mg |
| Glucose | 1 - 1.4g | Tryptophane | 6 mg |
| **Fibres** | 2.4 - 4.2g | Vitamine B6 | 0.08 mg |
| **Lipides totaux** | 0.1g | Acide Pantothénique | 0.22 mg |
| AG saturés | 44 mg | Vitamines C | 0.5 mg |
| AG mono-insaturés | 16 mg | **Cendres** | 0.5 - 0.6 g |
| AG poly-insaturés | 89 mg | | |
| **Minéraux** | | | |
| Sodium, Na | 3 - 7 mg | Fer, Fe | 0.4 mg |
| Potassium, K | 240 mg | Cuivre, Cu | 0.08 mg |
| Calcium, Ca | 8 - 10 mg | Zinc, Zn | 0.15 mg |
| Magnésium, Mg | 10 - 13 mg | Iode, I | 0.15 mg |
| Chlore, Cl | 50 - 55 mg | Manganèse, Mn | 0.14 mg |
| Carbonate | - | Chrome, Cr | 0.7 µg |
| Phosphore, P | 21 mg | Sélénium, Se | 0.2 µg |
| Nickel, Ni | 1 µg | | |

[a](Selon Danish food composition database: technical university of Denmark, 2004)

*Tableau I.1.* Composition chimique de l'aubergine pour 100g de produit cru.

## I.4.9. Principales caractéristiques :

En ce qui concerne son apport énergétique, l'aubergine se situe parmi les légumes frais les moins calorifiques : elle apporte en effet environ 18 kilocalories (75 kilo Joules) aux 100 g, ce qui la place au niveau de la tomate, de l'endive ou de la laitue. Elle est riche en eau (plus de 92 % en moyenne), et sa teneur en éléments énergétiques reste limitée.

Elle renferme ainsi 3 à 4 g de glucides aux 100 g (essentiellement des glucides simples, glucose et fructose), et moins de 1 g de protides, c'est à dire plutôt un peu moins que dans les autres végétaux frais. Les lipides, ou substances grasses, n'apparaissent qu'à l'état de traces.

La teneur en glucides de l'aubergine dépend de la variété, mais aussi du degré de maturité : les aubergines cueillies trop précocement sont pauvres en glucides (parfois moins de 2 g aux 100 g), ce qui est défavorable pour la qualité gustative.

Les fibres de l'aubergine sont assez abondantes : 2,5 g aux 100 g. Elles sont composées en majeure partie par des protopectines (pectines liées aux parois cellulaires du végétal), et en moindre quantité par des pectines et des celluloses. Lors de la cuisson, les protopectines, comme les pectines, acquièrent une consistance moelleuse et tendre.

Parmi les substances minérales (qui atteignent au total 0,5 g aux 100 g), le potassium domine (260 mg aux 100 g), tandis que le sodium ne dépasse pas 3 mg : cela confère à l'aubergine des qualités diurétiques indéniables. Du fait de son apport énergétique peu élevé, l'aubergine présente une bonne densité minérale (teneur en minéraux aux 100 kilocalories) : c'est notamment le cas pour le magnésium (72 mg/100 kcal), le zinc (0,6 mg/100 kcal), le manganèse (0,8 mg/100 kcal).

Les vitamines sont bien diversifiées : vitamines du groupe B, vitamine E (tocophérols végétaux), provitamine A en petites quantités et bien sûr vitamine C (à des taux variants entre 2 et 8 mg aux 100 g, en fonction des variétés et des saisons).

D'autres composants sont également présents en petites quantités dans l'aubergine. C'est le cas des acides organiques (au maximum 400 mg aux 100 g, avec la dominante de l'acide malique); des tannins galliques, plus ou moins abondants selon les variétés, qui sont en grande partie responsables d'une certaine astringence, et d'un brunissement de la pulpe à l'air.

Et enfin, comme tous les végétaux appartenant aux solanacées (tel que la tomate, la pomme de terre...), l'aubergine renferme des stéroïdes naturels à l'état de traces. Ces substances, encore difficiles à extraire et à identifier, ont une odeur caractéristique (qui rappelle un peu l'odeur de «terre»), et une saveur plutôt amère. Elles se concentrent surtout dans les parties vertes des aubergines, dans les feuilles et dans les racines de la plante [13].

L'aubergine contient des saponines stéroïdes, en particulier des glycoalcaloïdes ; les principaux glycoalcaloïdes de l'aubergine sont la solasonine et la solamargine. Elle contient également des saponines sans noyau azoté, que l'on nomme mélongosides. L'amertume de l'aubergine est due à ces substances et dépond de leur concentration ; lorsqu'elles sont présentes en fortes concentrations, largement au-dessus du seuil d'appétence, elles sont toxiques [6].

### I.4.10. Principes actifs et propriétés :

L'aubergine est considérée comme ayant un potentiel antioxydant élevé [14,15]. Des études *in vitro* chez l'animal ayant utilisé un mélange d'antioxydants de l'aubergine ont montrées une diminution de l'oxydation du « mauvais » cholestérol (LDL) [16,17] et une diminution de la concentration des lipides sanguins [18]. D'autres chercheurs se sont penchés plus spécifiquement sur certains antioxydants de l'aubergine, mais pour l'instant, les résultats demeurent préliminaires et ne s'appliquent pas encore à l'organisme humain.

- **Acides phénoliques** : Les acides phénoliques sont parmi les principales classes des antioxydants de l'aubergine, dont le plus abondant est l'acide chlorogénique [19, 20]. Ce composé a démontré une forte activité antioxydante *in vitro* [21]. Des chercheurs ont toutefois noté que l'acide chlorogénique des aliments pourrait être absorbé en proportion plutôt faible par l'organisme humain [22]. On ignore donc si la quantité d'acide chlorogénique obtenu à partir de l'aubergine peut être suffisante chez l'humain pour observer des effets antioxydants.

- **Anthocyanines** : L'aubergine, particulièrement si sa peau est foncée, est également riche en pigments antioxydants de la catégorie des anthocyanines. Par ailleurs, des scientifiques américains ont découvert qu'un certain type d'aubergine appelée *Black magic* contenait presque trois fois plus d'anthocyanines que les autres variétés d'aubergine analysées [23]. L'un des principaux pigments de la pelure d'aubergine est la nasunine [24] qui a démontré *in vitro* une capacité de protection contre le stress oxydatif (effet antioxydant) [25] par la protection contre la peroxydation lipidique [6].

D'autres chercheurs ont démontré que la nasunine diminuait *in vitro* la prolifération anormale des vaisseaux sanguins impliqués dans le développement de tumeurs et de maladies cardiovasculaires [26]. Cependant, ces résultats ne peuvent pour l'instant être transposés chez l'humain [8].

Les flavonoïdes isolés à partir des fruits de l'aubergine ont montré une activité antioxydante puissante. Ils ont montré une activité hypolipidémique chez des rats normaux et chez des rats à alimentation riche en cholestérol [6].

✓ **A savoir sur l'aubergine :**
- Originaire de l'Inde, l'aubergine préfère naturellement les climats plutôt chauds pour se développer (minimum 15°).
- On trouve différentes variétés de formes et de tailles, mais toutes se cultivent de la même manière.
- C'est un légume estival que l'on apprécie par exemple en ratatouille, mais également gratiné ou tout simplement en caviar, mariné dans l'ail et l'huile d'olive.

- N'attendez pas trop avant de récolter l'aubergine. Dès que le fruit prend des teintes marron, il durcit et sa chair prend un goût amer caractéristique. La cueillette doit s'effectuer à l'ouverture du calice, lorsque le fruit est encore bien violet.

La pelure : une mine d'or d'antioxydants : Certaines personnes peuvent être tentées de peler l'aubergine. Pourtant, sa pelure est comestible et contient même une grande quantité d'antioxydants, surtout lorsqu'elle a une couleur très prononcée.

- L'aubergine contient peu de calories (mais attention de ne pas la cuire dans une grande quantité de matières grasses).
- Elle est riche en antioxydants et en fibres alimentaires.

### I.4.11. Caractéristiques nutritionnelles et usage :

L'aubergine est riche en potassium (260mg pour 10g) (équilibre acido-basique, essentiel à la contraction musculaire et à l'influx nerveux, participe au bon fonctionnement des reins) en manganèse (facilite les métabolismes et lutte contre les effets des radicaux libres), en cuivre (intervient dans la formation de l'hémoglobine et du collagène, aide à lutter contre les radicaux libres), en vitamine $B_1$ (favorise la production d'énergie par le métabolisme des glucides, participe à la transmission de l'influx nerveux et favorise la croissance), en vitamine $B_6$ (favorise la dégradation du glycogène en glucose, intervient dans la production des globules rouges et collabore au bon fonctionnement du système immunitaire). Elle est riche en fibres avec un apport de 2,5g pour 100g ce qui facilite le transit intestinal [27]. Selon des chercheurs, l'aubergine (les fruits et les feuilles) renferme des substances fibres particulières, ayant la propriété de maintenir le cholestérol dans la lumière de l'intestin. Cela permettrait au cholestérol d'être expulsé sans être réabsorbé par la muqueuse, puis entraîné dans la circulation sanguine. Cet effet est bénéfique pour la réduction du taux de cholestérol dans le sang [12,13].

Différentes parties de la plante sont utilisées en décoction, sous forme de poudre ou de cendres pour soigner des maladies tels que le diabète, le choléra, la bronchite, la dysurie, la dysenterie, l'otite, les maux de dents, les infections de la peau, l'asthénie et les hémorroïdes. On prête également à l'aubergine des propriétés narcotiques, anti-asthmatiques et antirhumatiques [6]. Elles ont été utilisées dans la médecine traditionnelle. Par exemple, les extraits des tissus végétaux ont été utilisés pour le traitement de l'asthme, des bronchites et du choléra. D'autres études effectuées ont montré que les extraits de l'aubergine éliminent le développement des vaisseaux sanguins responsables de la croissance des tumeurs et de métastase [12]. Ainsi, l'aubergine blanche est bonne pour les patients diabétiques. Il a aussi été recommandé comme un excellent remède pour ceux qui souffrent de troubles hépatiques [3].

### II.3.12. Production et commerce international :

La production mondiale d'aubergine en 2001 était de près de 23 millions de T à partir de 1.4 million d'ha. L'Asie est le principal producteur, en particulier la Chine (53% de la production mondiale), l'Inde (28%) et la Turquie (4%). L'Afrique représente moins de 4 % de la production mondiale et de la superficie cultivée, avec plus de 90% dans le nord de l'Afrique. Les données sur l'aubergine en Afrique tropicale sont incomplètes et il se peut qu'elles comprennent les aubergines africaines (Solanum aethiopicum L. et Solanum macrocarpon L.). Hormis le marché du nord de l'Europe qui est principalement approvisionné par la production de l'Europe méridionale, la plus grande partie du commerce de l'aubergine se fait à l'intérieur de chaque pays [6].

## Références

[1] M.C. Daunay, M.H. Chaput, D. Sihachakr, M. Allot, F. Vedel, Ducreux G (1993), Production and characterization of fertile somatic hybrids of

eggplant (Solanum melongena L.) with Solanum aethiopicum L. Theor. Appl. Genet. 85: 841-850.

[2] G.J.M. Grubben (1977), Tropical vegetables and their genetic resources. IBPGR, 23:34-37.

[3] N. C. Chen., H. M. Li. Cultivation and Breeding of eggplant, Asian Vegetable Research and Development Center.

[4] G. Marchoux ,P. Gognalons and K. Gébré Sélassié, coord (2008), Virus des Solanacées: Du génome viral à la protection des cultures, Editions Quae, Paris, p.5,11,12,13,35

[5] J. Bosser (2000), Flore des Mascareignes: la Réunion, Maurice, Rodrigues, Paris, p.1,27,28

[6] G.J.H. Grubben, O.A. Denton (2004), Ressources Végétales de L'Afrique Tropicale 2 (PROTA) ; légume, Wageningen, Pays- Bas, p. 548-553

[7] R. Tourte (2005), Histoire de la recherche agricole en Afrique tropicale francophone volume 1, aux sources de l'agriculture africaine : de la préhistoire au moyen âge, FAO 2005.

[8] http://www.passeportsante.net

[9] T. Lewicki (1974), West African food in the middle ages according to Arabic sources, Cambridge University Press, United Kingdom, p. 77.

[10] M. Pitrat, C. Foury, Coord (2003), Histoires de légumes: Des origines à l'orée du XXIe siècle, Edition INRA, Paris, p.260

[11] www.supertoinette.com.

[12] C. Mouawad (2007), Transfert de matière dans un système solide/liquide « ion/eau/pectine » : interactions, partage ionique et simulation par dynamique moléculaire, Thèse de doctorat, Institut National Polytechnique de Loraine, p.6,7

[13] www.aprifel.com.

[14] J.Y. Bor, H.Y. Chen, G.C. Yen (2006), Evaluation of antioxidant activity and inhibitory effect on nitric oxide production of some common vegetables. J Agric Food Chem., 54(5):1680-6.

[15] G. Cao, E. Sofic, R.L. Prior (1996), Antioxidant capacity of tea and common vegetables. J Agric Food Chem., 44: 3426-31.

[16] S. Sudheesh, C. Sandhya, et al. (1999), Antioxidant activity of flavonoids from Solanum melongena. Phytother. Res., 13(5):393-396.

[17] H.Y. Huang, C.K. Chang, et al. (2004), Antioxidant activities of various fruits and vegetables produced in Taiwan. Int. J. Food Sci. Nutr., 55(5):423-9.

[18] S. Sudheesh, G. Presannakumar, et al. (1997), Hypolipidemic effect of flavonoids from Solanum melongena. Plant Foods Hum Nutr. , 51(4):321-30.

[19] B.D. Whitaker, J.R. Stommel (2003), Distribution of hydroxycinnamic acid conjugates in fruit of commercial eggplant (Solanum melongena L.) cultivars. J. Agric Food Chem., 51(11):3448-3454.

[20] J.R. Stommel, B.D. Whitaker (2003), Phenolic acid content and composition of eggplant fruit in a germoplasm core subset. Journal of the American Society for Horticultural Science, 128(5):704-710.

[21] T. Sawa, M. Nakao, et al. (1999), Alkylperoxyl radical-scavenging activity of various flavonoids and other phenolic compounds: implications for the anti-tumor-promoter effect of vegetables. J. Agric Food Chem., 47(2):397-402.

[22] A. Scalbert, C. Morand, et al. (2002), Absorption and metabolism of polyphenols in the gut and impact on health. Biomed Pharmacother, 56(6):276-82.

[23] USDA (2004), Scientists get under eggplant's skin. USDA Agricultural Research Service.

[24] T. Ichiyanagi, Y. Kashiwada, et al. (2005), Nasunin from eggplant consists of cis-trans isomers of delphinidin 3-[4-(p-coumaroyl)-L-rhamnosyl

(1 ≥ 6)glucopyranoside]-5-glucopyranoside. J. Agric. Food Chem., 53(24):9472-9477.

[25] Y. Noda, T. Kneyuki, et al. (2000), Antioxidant activity of nasunin, an anthocyanin in eggplant peels. Toxicology, 148(2-3):119-23.

[26] K. Matsubara, T. Kaneyuki, et al. (2005), Antiangiogenic activity of nasunin, an antioxidant anthocyanin, in eggplant peels. J. Agric. Food Chem., 53(16):6272-5.

[27] www.nutri-cycles.com.

# Chapitre II :
# Radicaux libres, Antioxydants et Activité antioxydante

## II. Radicaux libres, Antioxydants et Activité antioxydante:
### II.1. Paradoxe de l'oxygène :

L'oxygène est la source de vie pour les organismes aérobies. Mais l'oxygène peut être également une source d'agression pour ces organismes. En effet des dérivés hautement réactifs de l'oxygène peuvent apparaître au cours des réactions enzymatiques ou sous l'effet des rayons U.V, des radiations ionisantes et de métaux de transition. Les conséquences au niveau de l'organisme se font ressentir sur l'ADN, les lipides et les protéines [1].

### II.2. Les radicaux libres ou les espèces réactives oxygénées:

Un radical est une molécule caractérisée par la présence d'un électron libre (célibataire) sur ses orbitales électroniques externes qui leur confère une très grande instabilité. Elles ont la possibilité de réagir avec de nombreux composés dans des processus le plus souvent non spécifiques, donc leur durée de vie en solution est très courte [2]. Aussi, l'oxygène est un radical libre peu réactif, présent le plus souvent sous forme de dioxygène. Dans les conditions physiologiques, 2% à 5% de l'oxygène utilisé par les mitochondries sont partiellement réduits par des électrons qui s'échappent des transporteurs de la chaine respiratoire en formant ainsi des dérivés plus réactifs appelés espèces réactives oxygénées (ERO) [3]. Ces molécules sont une famille d'entités chimiques regroupant les radicaux libres oxygénés (espèces chimiques possédant un électron célibataire – non apparié) comme l'anion le superoxyde (, le radical hydroxyle (HO$^\bullet$), le monoxyde d'azote (NO$^\bullet$) ... et les dérivés de l'oxygène dites espèces actives de l'oxygène (ne possédant pas d'électron célibataire), ce ne sont pas des radicaux libres mais ils sont aussi réactives et peuvent être des précurseurs de radicaux (anion peroxyde, peroxyde d'hydrogène (H$_2$O$_2$), peroxynitrite [4-5].

La (figure II.1) montre l'origine des différents radicaux libres oxygénés et espèces réactives de l'oxygène impliqué en biologie.

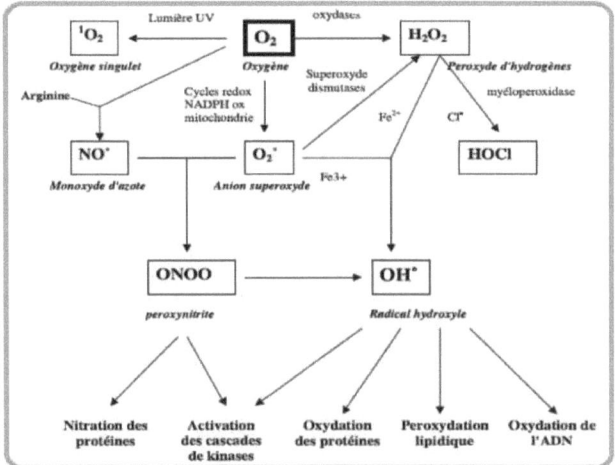

***Figure II.1.*** Origine des différents radicaux libres oxygénés et espèces réactives de l'oxygène impliqué en biologie [5].

Parmi tous les différents dérivés réactifs de l'oxygène susceptibles de se former dans les cellules, on peut distinguer deux ensembles, l'un des composés directement dérivés de la molécule de dioxygène, qui jouent un rôle particulier en physiologie et que nous appellerons ERO primaires. Les autres, dits ERO secondaires, issus de la réaction des ERO primaires avec des entités biochimiques cellulaires (lipides, protéines, glucides…) [5,6].

## II.3. La réactivité d'ERO :

La réactivité des espèces chimiques oxygénées étant très variable selon la nature du radical. En effet, l'anion superoxyde et le peroxyde d'hydrogène ($H_2O_2$) sont très sélectifs dans leurs réactions avec les molécules biologiques et ne vont par exemple, interagir qu'avec quelques enzymes [7]. Au contraire, des radicaux comme les peroxyles (ROO˙) ou surtout le radical hydroxyle (HO˙) sont extrêmement réactifs avec la plupart des molécules des tissus vivants [5].

Ainsi on peut trouver, l'anion radicalaire superoxyde comme le monoxyde d'azote (NO˙) ne sont pas très réactifs, mais ils constituent des précurseurs pour d'autres espèces plus réactives [5].

## II.4. Principales sources d'espèces réactives de l'oxygène :

### II.4.1. Sources exogènes d'ERO:

La production exogène des ERO résultent de l'exposition aux rayons ionisants (exposition importante au soleil, radioactivité artificielle ou naturelle), aux métaux de transition ou à l'oxygène en quantité excessive, la pollution, la prise de certains médicaments (par exemple le paracétamol), le contact avec certains pesticides et solvant, la consommation du tabac et d'alcool , la pratique du sport intensif et tout processus susceptible de surcharger les réactions de détoxication hépatique, notamment une perte de poids importante [8, 9-13].

### II.4.2. Sources endogènes de ERO :

Le métabolisme aérobique de chaque organisme permet de produire des ERO d'une manière endogène, comme des sous-produits des chaînes de transport des électrons de la respiration cellulaire dans les mitochondries [2]. Elles sont aussi produites dans différentes réactions enzymatiques.

De nombreux systèmes enzymatiques identifiés dans les cellules sont également capables de générer des DRO dans les corps humain [14] :
- comme les NADPH oxydases sont des enzymes présentes dans la paroi vasculaire et qui génèrent en utilisant NADH ou NADPH comme substrat.
- Lors du métabolisme de l'acide arachidonique, ce dernier peut être oxydé soit par les cyclooxygenases, soit par les lipooxygenases (métallo-enzymes à fer), pour former entre autre des hydroperoxydes qui sont des précurseurs de leucotriènes, puissants médiateurs de l'inflammation.

De plus, dans l'organisme, l'oxygène est réduit à 95 % dans les mitochondries ("centrale énergétique de la cellule") par voie enzymatique en molécule non toxique comme $H_2O$. Cependant, il peut subir une réduction monoélectronique et former une espèce beaucoup plus réactive comme l'anion superoxyde. Cet anion n'est pas le radical le plus délétère, cependant il peut donner naissance comme indiqué précédemment à des espèces beaucoup plus réactives comme le radical hydroxyle $^{\bullet}OH$.

Ces ERO mitochondriales pourraient intervenir dans l'oxydation des LDL [15].

## II.5. Le stress oxydant :

Normalement, un équilibre relatif existe entre la formation de radicaux libres et la neutralisation de ceux-ci par des molécules antioxydantes. Toutefois, une production excessive de radicaux libres ou une insuffisance des mécanismes antioxydants peut déséquilibrée la balance oxydant/antioxydant [8,16,17]

## II.6. Les antioxydants :

En conditions normales, le métabolisme aérobique chez les mammifères génère des substances réactives de l'oxygène, qui sont très dommageables pour les cellules de l'organisme. Cependant, en guise de protection, les cellules possèdent des mécanismes de défense endogènes enzymatiques et non-enzymatiques qui, de manière générale, suffisent à neutraliser et de dégrader les radicaux libres toxiques pour les tissus résultant du métabolisme aérobique et que l'on appelle antioxydants [18-21].

### II.6.1. Définition :

Selon les références bibliographiques [22-24] un antioxydant est n'importe quelle substance, qui lorsqu'elle est présente en concentrations faibles, comparées à celle du substrat oxydable, retarde ou prévient de façon significative ou empêche, l'oxydation de ce substrat.

On appelle *antioxydants primaires*, les composés donneurs d'atome d'hydrogène conduisant à un radical libre stable, c'est-à-dire beaucoup moins réactif que les radicaux libres porteurs de chaînes. Ce sont le plus souvent des phénols encombrés ou des amines aromatiques secondaires. On les appelle aussi antioxydants par rupture de chaîne ou désactivateurs de radicaux libres.

En présence d'un phénol, par exemple, on peut présenter le processus, comme suit [25] :

Comme on a vu auparavant, l'hydroxyle c'est le radical le plus réactif et le plus dangereux dans l'organisme. La neutralisation des produits des réactions radicalaires de HO· est considéré une réaction importante et serait à la base de l'effet des antioxydants contenus dans alimentation sur l'incidence de certaines maladies [26-33].

Les peroxydes sont des produits primaires de l'oxydation. Les décomposeurs de peroxydes (sans formation de produits radicalaires) désactivent ces derniers et on les appelle parfois ***antioxydants secondaires*** parce qu'ils suppriment les peroxydes qui sont des amorceurs secondaires de l'oxydation. Ce sont, par exemple des sulfites, des phosphates ou des thioesters [25].

### II.6.2. Systèmes de défense :

Afin d'empêcher la formation des radicaux libres et de limiter l'oxydation qui provoque les dommages oxydants dans les cellules, l'organisme est équipé de plusieurs systèmes de défense, à savoir : enzymatiques et non enzymatique (moléculaires naturels et synthétiques).

### II.6.2.1. Antioxydants enzymatiques :

Ce type d'antioxydant est composé d'enzymes, à action directe sur les ERO. Trois enzymes ont un rôle essentiel dans la détoxification des espèces réactives de l'oxygène La superoxyde dismutase (SOD), la catalases et la glutathion peroxydase. La glutathion peroxydase a un site actif qui contient du sélénium et elle a besoin de glutathion réduit (GSH) pour fonctionner. C'est une enzyme ubiquitaire qui présente l'une des défenses antioxydantes les plus importantes de l'organisme [3]. Ces trois enzymes sont préventives parce qu'elles agissent sur les espèces impliquées dans l'initiation de la chaîne de réactions des radicaux libres. Alors que les molécules antioxydantes les plus petites, tel que l'ascorbate, le tocophérol, l'ubiquinone, l'urée et le GSH, sont capables de piéger directement les radicaux oxydants et sont ainsi des antioxydants «briseurs» de la chaîne radicalaire [34].

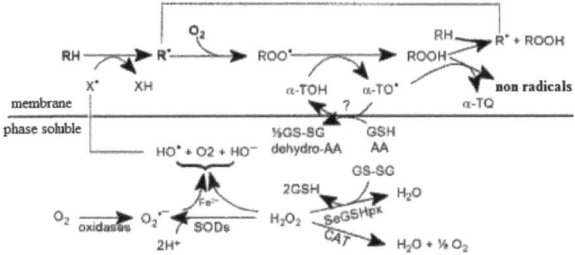

*Figure II.2.* Le système de défense antioxydant cellulaire. CAT, catalase ; GSH, glutathion réduit ; GSSG, glutathion oxydé; α- TQ, α-tocophérylquinone ; α- TQ˙, radical α-tocophéryl ; α- TOH, α-tocophérol ; SeGSHpx, glutathion peroxidase dépendante de sélinium [35].

### II.6.2.2. Antioxydants non enzymatiques :

### II.6.2.2.A. Antioxydants de faible poids moléculaire (Antioxydants naturels) :

Ce sont des antioxydants de faible poids moléculaire (LMWA). Ils sont capables de prévenir des dommages oxydatifs. Ils peuvent se comporter comme des piégeurs des radicaux libres par les interventions directes sur les molécules pro-oxydantes ou indirectement, en chélatant les métaux de transition, empêchant ainsi la réaction de Fenton. Ce type des antioxydants possèdent un avantage considérable par rapport aux antioxydants enzymatiques. Du fait de leur petite taille, ils peuvent en effet pénétrer facilement au cœur des cellules et se localiser à proximité des cibles biologiques. Selon leurs lipophilicités, ce type d'antioxydants regroupe un grand nombre de substances hydrophiles ou lipophiles et ils sont en partie produits par l'organisme au cours de processus biosynthétiques. Néanmoins le nombre d'antioxydants produits *in vivo* est très limité ; on peut citer parmi les plus actifs : le glutathion [36], le NADPH, les dipeptides [37], l'acide urique [38], l'acide lipoïque [39] ou la bilirubine [40]

Le taux de ce système de défense dans l'organisme est essentiellement assuré par un apport alimentaire. Parmi les antioxydants naturels de faible poids moléculaire, on peut citer les plus connus et les plus importants ci-dessous :

➢ **L'acide ascorbique (AA) :**

L'acide ascorbique ou la vitamine C (figure 3) est l'une des vitamines importantes et essentielles pour la santé humaine. Elle est nécessaire pour de nombreuses fonctions physiologiques de la biologie humaine. La plupart des plantes et des animaux peuvent synthétiser l'acide ascorbique sauf les singes et les humains en raison du manque d'une enzyme gulonolactone oxydase [41].

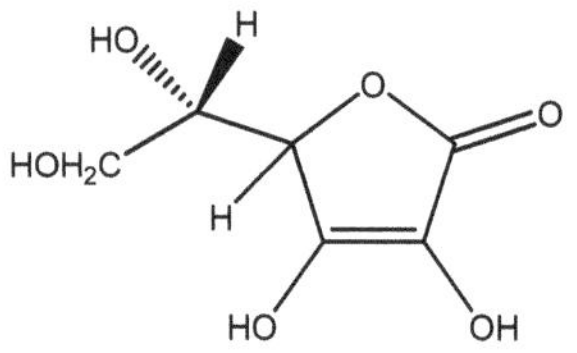

*Figure II.3*. Acide ascorbique (vitamine C) [42].

La vitamine C est très sensible à l'exposition à l'air et à la lumière, la cuisson, selon le mode utilisé, en détruit 30% à 50% [8]. Elle est un antioxydant puissant hydrosoluble, capable de piéger / neutraliser à des concentrations très faibles les espèces réactives d'oxygène tels que

l'hydroxyle et les composés azotés qui peuvent causer des dommages oxydatifs à des macromolécules telles que les lipides, l'ADN [43-44]. Elle n'est pas à proprement parler un coenzyme, mais agit en tant qu'oxydoréducteur par interconversion forme oxydée/forme réduite. Dans l'organisme, la vitamine C existe sous trois degrés d'oxydoréduction :
- Une forme réduite (acide ascorbique),
- Une forme monooxydée (acide mono-déshydro-ascorbique),
- Une forme oxydée (acide déshydro-ascorbique) [8].

En outre elle est un réducteur susceptible de limiter la peroxydation lipidique et intervient dans la régénération des autres antioxydants tels que les α-tocophérol [45-46]. De nombreux avantages pour la santé ont été attribués à l'acide ascorbique à savoir antioxydant, anti-athérogène et l'activité anticancérogène.

➢ **Les tocophérols (dont la vitamine E):**

Les tocophérols (figure 4) sont des composés liposoluble, ils regroupent quatre substance [47] dont l'alpha-tocophérol, aussi appelé Vitamine E, c'est l'antioxydant lipophile majeur et biologiquement la plus active [48]. La Vitamine E protège les membranes lipidique et les tissus gras de la peroxydation lipidique en neutralisant les radicaux peroxyle, alkyle et alcoxyle (ROO•) [48]. Comme un rôle essentiel, elle s'insère au sein des membranes cellulaires où elle empêche la propagation des phénomènes de lipoperoxydation [8].

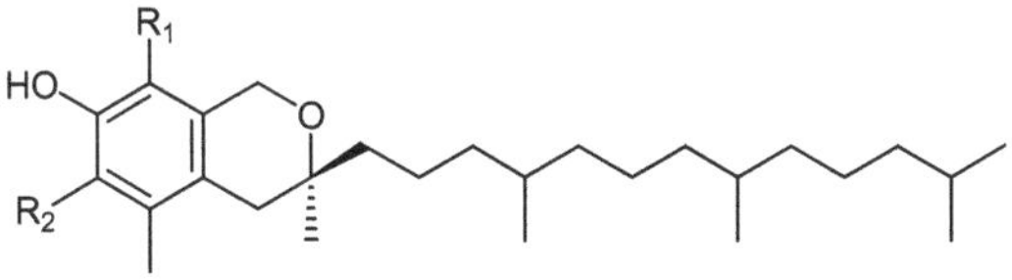

$R_1=R_2=CH_3$ : α-*tocophérol* ; $R_1=CH_3$, $R_2=H$ : β-*tocophérol*
$R_1=H$, $R_2=CH_3$ : γ-*tocophérol* ; $R_1=R_2=H$ : δ-*tocophérol*

***Figure II.4.*** Structure des tocophérols

➤ **Les caroténoïdes :**

Les caroténoïdes, qui sont la vitamine A provenue d'aliment d'origine végétale, sont d'excellents piégeurs d'espèces radicalaires particulièrement vis-à-vis de la lipoperoxydation des phospholipides membranaires, grâce à leur système conjugué de doubles liaisons [8,49]. Ils sont des substances liposolubles et leur bonne résorption intestinale ne sera possible qu'en présence de lipides [8].

Certains caroténoïdes sont des pigments végétaux piégeurs de photons pour la photosynthèse [8].

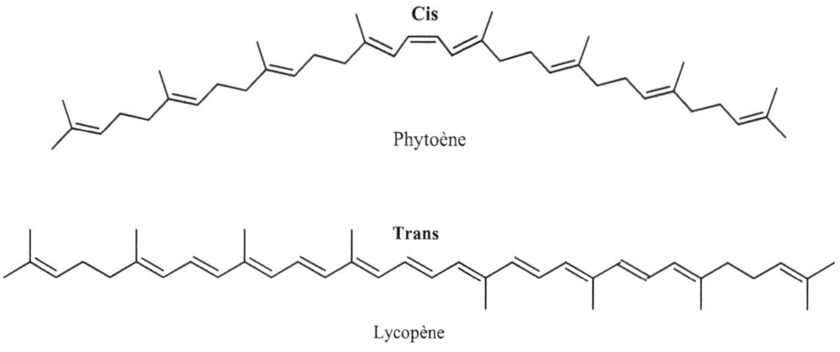

Phytoène

Lycopène

***Figure II.5.*** Structure de base des caroténoïdes.

➤ **Les composés phénoliques :**

Les composés phénoliques constituent une famille de molécules largement distribués dans le règne végétal et ceux sont les métabolites secondaires les plus abondants de plantes, avec plus de 8.000 structures phénoliques connues, allant de simples molécules comme les acides phénoliques à des substances hautement polymérisées comme les tanins. Comme l'indique leurs nom, ils sont des composés possédant un ou plusieurs noyaux aromatiques avec un ou plusieurs groupes d'hydroxyle [50].

Les composés phénoliques des végétaux sont généralement impliqués dans la défense contre le rayonnement ultraviolet ou d'agression par des agents pathogènes, des parasites et prédateurs, ils contribuent aux couleurs des plantes, ils sont omniprésents dans tous les organes de la plante et sont donc une partie intégrante de l'alimentation humaine. Ils sont partiellement responsables de l'ensemble des propriétés organoleptiques des aliments d'origine végétale, par exemple, ils contribuent à l'amertume et l'astringence des fruits et des jus de fruits [50].

Les composés phénoliques des plantes comprennent les acides phénoliques (dérivés de l'acide benzoïque ou dérivés de l'acide cinnamique), les flavonoïdes, les tanins et moins courants les stilbènes et les lignanes (Figure II.6.) [50].

Lignane

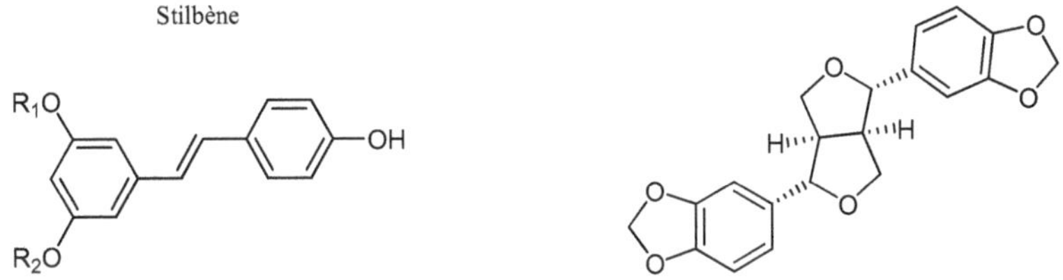


Resveratrol $R_1 = R_2 = H$

Sesamine

***Figure II.6.*** Structures de stilbenes et lignanes.

### ❖ Les acides phénoliques :

Les acides phénoliques peuvent être subdivisés en deux classes: les dérivés de l'acide benzoïque tels que l'acide gallique et les dérivés de l'acide cinnamique tels que l'acide coumarique, caféique, férulique et l'acide sinapique [51]. L'acide caféique est l'acide phénolique le plus abondant dans plusieurs fruits et légumes [52], il a très largement démontré son activité antioxydante [53], le plus souvent estérifié avec de l'acide quinique que dans l'acide chlorogénique, qui est le composé phénolique majeure du café [52].

Ce dernier s'avère être un antioxydant intéressant, à tel point que de nombreux laboratoires tentent d'en faire sa synthèse (Figure II.7) [54]

Les acides phénoliques sont anti-inflammatoires, antiseptiques urinaires, anti-radicalaires, cholagogues, hépato-protecteurs, cholérétiques, immunostimulants [55].

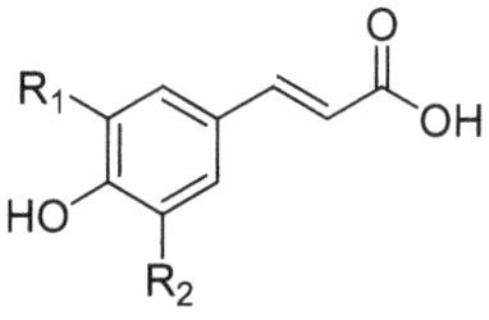

Acide caféique : $R_1$ =OH, $R_2$= H
Acide coumarique : $R_1$ = H, $R_2$= H
Acide férulique : $R_1$= $OCH_3$, $R_2$= H
Acide sinapique: $R_1$= $OCH_3$, $R_2$= $OCH_3$

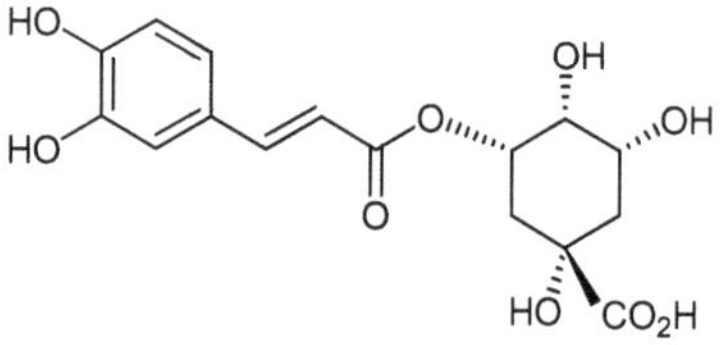

Acide chlorogénique

***Figure II.7.*** Structure de dérivés de l'acide p-hydroxycinnamique

❖ **Les flavonoïdes :**

Les flavonoïdes sont les polyphénols les plus abondants dans notre alimentation. Ce sont des pigments hydrosolubles naturels qui donnent leurs couleurs aux fleurs, aux fruits et parfois aux feuilles. Ils ont une origine biosynthétique commune. Les flavonoïdes sont connus principalement pour leur activité antioxydante [55-56]. La structure de base des flavonoïdes est le noyau flavane, contenant 15 atomes de carbone disposés en trois noyaux ($C_6$-$C_3$-$C_6$), qui sont étiquetés comme A, B, et C.

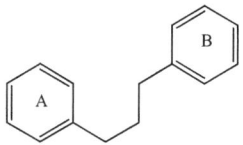

***Figure II.8.*** Structure générale des flavonoïdes.

Les flavonoïdes sont eux-mêmes répartis en six sous-groupes (figure II.9) : les flavones, les flavonols, les flavanols, les flavanones, les isoflavones, et les anthocyanes, selon l'état d'oxydation du noyau centrale C [50].

Flavone

Apigenine: $R_1 = R_3 = R_4 = OH, R_2 = R_5 = H$

Luteonine: $R_1 = R_3 = R_4 = R_5 = OH, R_2 = H$

Flavonol

Quercétine: $R_1 = R_2 = R_3 = R_4 = OH, R_5 = H$

Myricetine: $R_1 = R_2 = R_3 = R_4 = R_5 = OH$

Isoflavone

Génistéine: $R_1 = R_2 = R_3 = OH$

Daidzéine: $R_1 = R_3 = OH, R_2 = H$

Flavanone

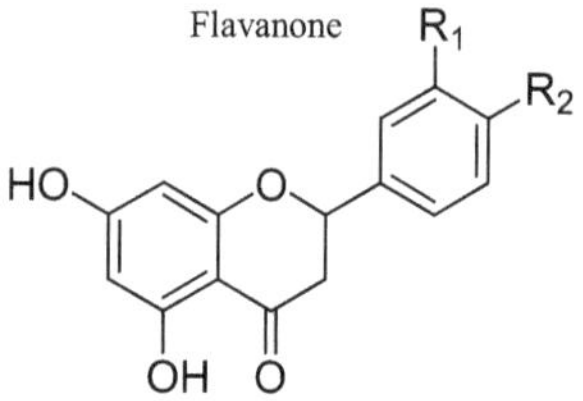

Hesperetine: $R_1$ =OH, $R_2$= $OCH_3$
Naringenine: $R_1$ = H, $R_2$= OH

Flavanol

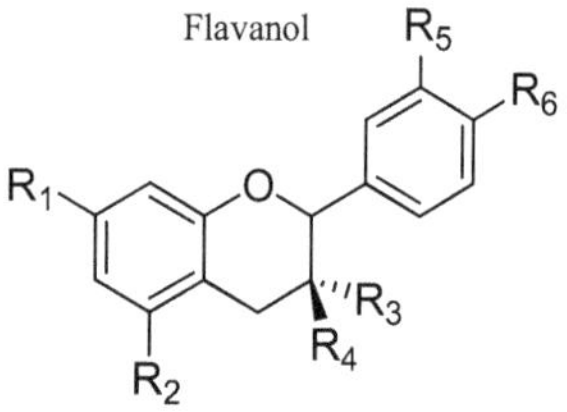

Catechine: $R_1=R_2=R_4=R_5=R_6$= OH, $R_3$= H
Epicatechine: $R_1=R_2=R_3=R_5=R_6$= OH, $R_4$=H

***Figure II.9.*** Structure de quelques flavonoïdes.

La variation structurelle des flavonoïdes dans chaque sous-groupe est en partie en raison du degré et du modèle de l'hydroxylation, la méthoxylation, la prénylation, ou de la glycosylation.

Les flavonoïdes les plus courants et les plus important comprennent ; la quercétine, un flavonol abondant dans l'oignon, le brocoli et les pommes; la catéchine, un flavanol trouvé dans le thé et dans plusieurs fruits; la naringénine, une flavanone principale de pamplemousse ; la cyanidine-glycoside, un anthocyane abondants dans les fruits de baies (cassis, framboise, mûre, etc), la daidzéine, la génistéine et la glycitéine, qui sont les principaux isoflavones de soja [52] et l'acide gallique [55].

Parmi les constituants polyphénoliques de plantes, les flavonoïdes, il existe aussi les anthocyanes (du grec anthos = fleur, kuanos = bleu sombre) qui sont présents dans un certain nombre de végétaux tels que: myrtille, mûre, raisin noir, aubergine, prune, bleuet (airelle bleue du Canada), mauve, etc. Ils donnent leurs couleurs aussi bien aux feuilles d'automne qu'aux fruits rouges [50,56], cela induit qu'ils sont des pigments responsables des couleurs orange, rouge, bleu et violet pourpre de nombreux fruits et légumes [8,50].

Des études montrent que les anthocyanines exercent une influence bénéfique sur toute variété de problèmes de santé. Une des raisons que cette influence réside dans leurs propriétés antioxydantes [57]. Leur structure de base est caractérisée par un noyau « flavylium » généralement glucosylé en position C-3 (Figure II.10) [56].

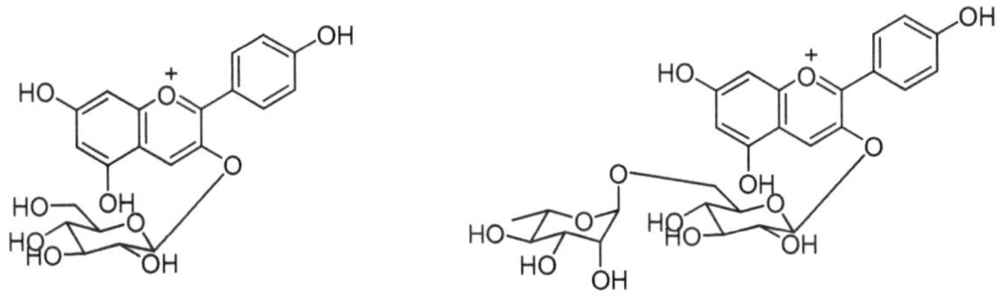

Pelargonidine-3-O-glucoside        Pelargonidine-3-O-rutinoside

*Figure II.10.* Structure de quelques anthocyanes.

❖ **Les tanins :**

Les tanins sont un autre grand groupe de polyphénols dans notre alimentation, ils sont des substances d'origine organique que l'on trouve pratiquement dans tous les végétaux, et dans toutes leurs parties (écorces, racines, feuilles, etc.), caractérisées par leur astringence. Ils sont abondants dans les organes des végétaux jeunes. Habituellement on peut les distinguer en deux groupes de tanins différents par leur structure aussi bien que par leur origine biogénétique: les tannins hydrolysables et les tannins condensés. Certains tanins ont des propriétés antioxydantes et bactériostatiques [58].

Ils favorisent la régénération des tissus, la régulation de la circulation veineuse, et tonifient la peau dans le cas des rides.

***Tanins hydrolysables*** : ce sont des oligo- ou des polyesters d'un sucre (ou d'un polyol apparenté) et d'un nombre variable de molécules d'acide-phénol. Le sucre est très généralement le glucose. L'acide- phénol est soit l'acide gallique dans le cas des tanins galliques, soit l'acide hexahydroxydiphénique (HHDP) et ses dérivés d'oxydation (déhydrohexahydroxydiphénique (DHHDP) ; acide chébulique) dans le cas des tanins classiquement (mais improprement) dénommés tanins ellagiques.

***Tanins condensés :*** les tanins condensés ou proanthocyanidols sont des polymères flavaniques. Ils sont constitués des unités de flavan-3-ols liées entre elles par des liaisons carbone-carbone le plus souvent 48 ou 46, résultante du couplage entre le C-4 électrophile d'un flavanyle issu d'un flavan-4-ol ou d'un flavan-3,4-diol et une position nucléophile (C-8, plus rarementC-6) d'une autre unité, généralement un flavan-3-ol.

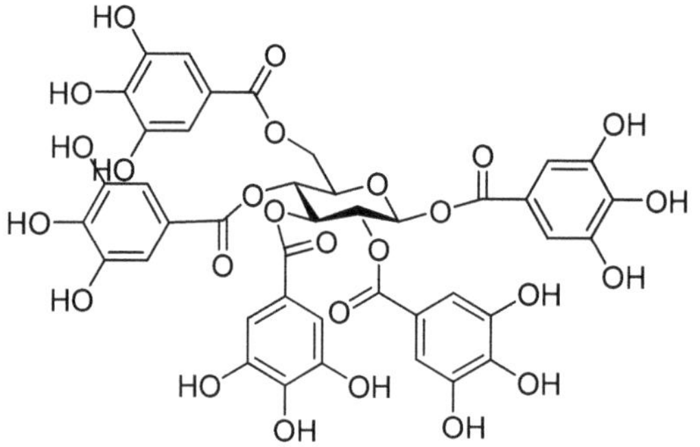

1,2,3,4,6-penta-O-galloyl-B-D-glucose

***Figure II.11.*** Exemple de Structure de Tanins hydrolysables

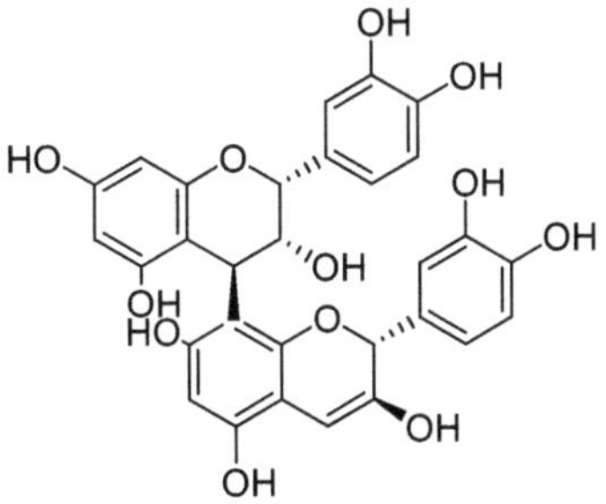

*Figure II.12.* Exemple de Structure de Tanins condensés

## II.6.2.2.B. Les antioxydants phénoliques de synthèse :

Il existe de nombreux antioxydants synthétiques dont les squelettes sont souvent dérivés des antioxydants naturels et pour une utilisation pratique, les antioxydants doivent remplir les conditions suivantes : Ils ne doivent pas être toxiques, ils doivent être hautement actifs à des faibles concentrations (0.01-0.02%) et doivent être présents à la surface ou dans la phase grasse de l'aliment [24]. Cependant, il reste à les considérer comme des corps étrangers au système biologique.

On cite un exemple sur ces substances : un nouveau polyphénol dendritique a été synthétisé et il a montré une forte capacité antioxydante et protectrice des LDL *in vitro* contre les attaques des radicaux libres (Figure 6) [59].

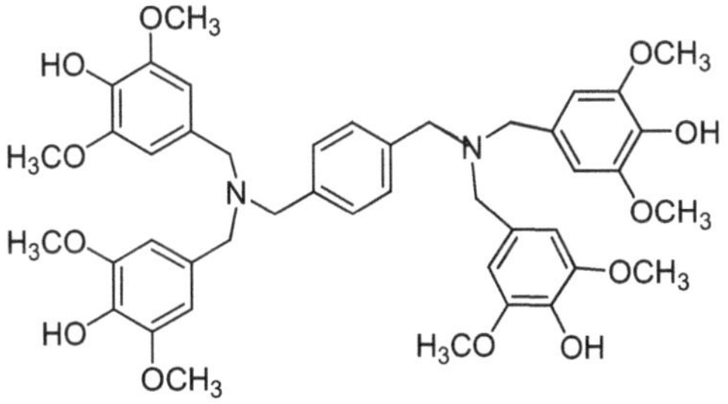

*Figure II.13.* Structure chimique d'antioxydant lipophile.

## II.6.3. Les polyphénols et les ions métalliques :

De nombreux composés complexant les ions métalliques ont un effet antioxydant parce qu'ils diminuent par compléxation, la concentration des ions métalliques dans le milieu. En effet, les ions métalliques comme par exemple $Fe_2^+$ ou $Cu^+$ décomposent les peroxydes en produisant des radicaux hydroxyles libres très réactifs susceptibles d'amorcer des chaînes d'oxydation.

Par exemple, la réaction de Fenton dont le bilan est :

$$H_2O_2 + Fe_2^+ \rightarrow HO^{\bullet} + Fe_3^+ + HO^-$$

Les complexants des ions métalliques comme de nombreux polyphénols sont dits désactivateurs de métaux [25].

## II.7. Conséquences du stress oxydant sur l'organisme :

L'altération des fonctions cellulaires, la perte de leur intégrité voire la mort cellulaire qui en résultent, sont responsables des processus de vieillissement et de pathologies multiples : initiation et promotion des cancers, maladies cardio-vasculaires et pathologies neuro-dégénératives, cataracte, dégénérescence maculaire. Il existe également plusieurs référence qui mentionne l'intervention des radicaux libres dans la destruction auto-immune des cellules bêta-pancréatique lors du diabète de type1 et sur les corrélations entre le stress oxydant et diabète de type 2 [8].

## II.8. les polyphénols et la santé de l'homme :

L'homme n'est pas capable d'assurer la biosynthèse de la plupart des antioxydants, en particulier ceux de nature phénolique. Il doit donc les trouver dans son alimentation et l'ingestion de polyphénols dans la ration journalière est alors un facteur nutritionnel considéré comme positif par les nutritionnistes et bénéfique à notre santé. De nombreux composés phénoliques sont naturellement présents dans les fruits, les fleurs, les graines ou l'appareil végétatif de nombreuses plantes [60]. Les polyphénols, que l'on trouve principalement dans les fruits, semblent être la dernière ligne de défense contre les radicaux libres [61].

Bien que les antioxydants phénoliques puissent protéger diverses molécules biologiques de la dégradation oxydative, en particulier l'ADN, une de leurs interventions majeures concerne les lipides, qu'il s'agisse des lipides cellulaires ou de ceux que l'on trouve dans les produits dérivés des plantes ou des animaux [60].

Les composés phénoliques comme les flavonoïdes des Citrus, du thé ont des activités multiples, intervenant dans des domaines thérapeutiques aussi variés que le traitement des insuffisances veineuses, la protection contre les accidents cardiovasculaires, l'inhibition du développement de cellules cancéreuses ou encore les effets anti- inflammatoires.

Les antioxydants phénoliques ont un effet protecteur sur les lipoprotéines sanguines, dites de faible densité (LDL) qui transporte le cholestérol du foie vers les tissus. L'oxydation des LDL par les macrophages conduit à l'accumulation de cholestérol et autre lipides dans les parois des artères, créant un épaississement qui peut aller jusqu'au bouchage des vaisseaux et conduire à la mort des tissus non irrigués. Les causes de cette maladie sont multiples mais les études *in vivo* réalisés sur les rats et les études épidémiologiques des vingt dernières années ont montré que la présence d'antioxydants phénoliques dans le sang permet de limiter le phénomène.

Les autres aliments riches en polyphénols (thé, pomme, orange, cacao, jus de fruits en particulier ceux de grenade et de myrtille, etc.) assurent également une protection contre les maladies coronariennes mais l'efficacité dépend de la nature et de la concentration des composés eux-mêmes, de leur vitesse d'absorption dans l'intestin grêle et de leur métabolisation à l'intérieur de l'organisme. De nombreux flavonoïdes sont également impliqués dans l'inhibition de l'agrégation des plaquettes sanguines et de leur adhérence sur la paroi des vaisseaux [60].

## II.9. Méthode de mesure de l'activité antioxydante :

Grâce à la propriété essentielle de l'antioxydant (piégeur des radicaux libres), plusieurs méthodes ont été mises au point pour évaluer l'efficacité des antioxydants à piéger les radicaux libres et d'empêcher les réactions radicalaires. La majorité de ces méthodes se base sur des phénomènes chimiques, des processus physiques et des instrumentations spécifiques. La plupart des procédés analytiques exigent un prétraitement avant la mesure. Toutes ces méthodes couvrent les antioxydants primaires et secondaires.

En principe, si un composé montre une faible activité antioxydante *in vitro*, il est très rare qu'il présente une activité meilleure *in vivo* [62] aussi les mécanismes d'oxydation et de prévention *in vivo* sont différents à cause de la perméabilité cellulaire et du processus de transport [63].

- **Capacité de piégeage du radical DPPH :**

Une autre méthode très utilisée pour évaluer l'activité antioxydante d'un composé consiste à étudier sa réaction avec le DPPH, un radical libre très stable à l'état cristallin et en solution, de coloration violette et il reste stable plusieurs jours, présentant une absorption caractéristique $\lambda$ [25]. L'activité antiradicalaire est basée sur la réduction de l'absorbance à 517 nm lorsqu'un radical libre stable de 2,2-diphényl-picrylhydrazyl (DPPH·) est réduit [64].

Il s'agit d'une réaction de transfert d'atome d'hydrogène et dans laquelle les antioxydants donneurs de proton, tels que les polyphénols, sont capables de réduire ce radical (DPPH· $\rightarrow$ DPPH$_2$), ce qui entraîne une diminution de son absorbance :

$$DPPH + RH \rightarrow DPPH - H + R^\bullet$$

La capacité antioxydante de molécules ou d'extraits est ainsi déterminée en évaluant le pourcentage d'inhibition de l'absorbance du radical DPPH à 523 nm [65]:

$$\% \, d'inhibition = \left[1 - \left(\frac{A_{test}}{A_{contrôle}}\right)\right] \times 100$$

$A_{contrôle}$ : Absorbance sans antioxydant

$A_{test}$ : Absorbance avec antioxydant

Cette méthode est un des tests les plus simples à mettre en œuvre.

- **Méthode de FRAP :**

La méthode FRAP (Ferric Reducing Antioxidant Power) est basée sur la réduction de l'ion ferrique ($Fe^{3+}$) en ion ferreux ($Fe^{2+}$). Cette méthode évalue le pouvoir réducteur des composés [66].

La concentration des composés réducteurs (antioxydants) dans l'extrait est exprimée en
mmol Equivalent Standard /g d'extrait sec selon la formule :

$$C(\%) = \frac{c \times C}{M \times C_i}$$

C : Concentration en composés réducteurs en mmol Equivalent Standard /g d'extrait sec.

c : Concentration de l'échantillon lue

D : Facteur de dilution de la solution mère d'extrait

$C_i$ : Concentration de la solution mère d'extrait

M : Masse molaire du standard.

- **Méthode de ABTS :**

Elle est basée sur la décoloration d'un cation radicalaire stable, $ABTS^{\bullet+}$ (2,2'-azynobis-[3-ethylbenzothiazoline-6- sulfonic acid]) en ABTS en présence de composés antiradicalaires à 734 nm car le cation radicalaire chromophore $ABTS^{\bullet+}$ de couleur bleu-vert directement produit par réaction entre l'ABTS et le persulfate de potassium a une absorption maximale à 734 nm.

- **Activité réductrice sur le ferricyanure de potassium :**

Le pouvoir réducteur d'un extrait est associé à son pouvoir antioxydant. L'activité réductrice des extraits polaires est déterminée selon la méthode de Oyaizu (1986), basée sur la réaction chimique de réduction du Fer (III) présent dans le complexe $K_3Fe(CN)_6$ en Fer(II). L'absorbance du milieu réactionnel est déterminée à 700 nm. Une augmentation de l'absorbance correspond à une augmentation du pouvoir réducteur des extraits testés [65].

- **Capacité de piégeage du radical anion superoxyde :**

Le pouvoir antioxydant d'un extrait peut également être évalué par sa capacité à piéger les espèces oxygénées réactives telles que l'anion superoxyde. Cette méthode est basée sur la réaction chimique de réduction du bleu de tétrazolium, dépendant directement de la présence de radicaux superoxydes. L'absorbance du milieu réactionnel est déterminée à 560 nm. Une diminution de l'absorbance correspond à une augmentation du pouvoir antioxydant des extraits testés. Le pouvoir antioxydant de molécules ou d'extraits est ainsi déterminé en évaluant le pourcentage d'inhibition de l'absorbance du radical à 560 nm [65]:

$$\% \, d'inhibition = \left[1 - \left(\frac{A_{test}}{A_{contrôle}}\right)\right] \times 100$$

$A_{contrôle}$ : Absorbance sans antioxydant.
$A_{test}$ : Absorbance avec antioxydant.

- **Méthode de Trolox :**

Le test ORAC a été effectué sur un Fluoroskan Ascent. Le trolox a été utilisé comme standard de contrôle. L'expérience a été menée à T °C et à un pH déterminé, avec un échantillon témoin en parallèle. Le fluorimètre a été programmé pour enregistrer la fluorescence de la fluorescéine toutes les 30 s après l'addition du 2,2-azobis (2-amidinopropane) dichlorhydrate (AAPH).

Les résultats finaux sont calculés en comparant la différence de l'aire sous la courbe de l'échantillon et celle du témoin. Les valeurs du test ORAC sont exprimées en micromoles d'équivalents de Trolox (TE) par milligramme (TE umol / mg). Les manipulations sont similaires à celle rapportée dans la littérature par notre groupe.

- **Méthodes électrochimiques :**

La voltammétrie cyclique et la voltammétrie à onde carrée sont des méthodes récentes qui peuvent être utilisées efficacement pour la mesure de l'activité antioxydante. Elle n'exige pas un prétraitement. La technique fournit un voltammogamme reproductible qui est obtenu en quelques minutes. D'après un simple calcul, on peut évaluer l'activité antioxydante.

**Références**

[1] Mogode Debete Judith (2004), Etudes phytochimique et pharmacologique de Cassia nigricans Vahl (Caesalpiniaceae) utilisé dans le traitement des dermatoses au tchad. Thèse de pharmacie, Bamako, 67 pages

[2] B. Halliwell (1993), The role of oxygen radicals in human disease, with particular reference to the vascular system. Haemostasis, 23 (Suppl 1):118-126.

[3] C. Ichai, H. Quintard, J.C. Orban (2011), Desordres Metaboliques et Reanimation: De La Physiopathologie Au Traitement, Springer-Verlag, France, p.427- 429

[4] G.P. Novelli (1997), Role of free radicals in septic shock. J. Physiol. Pharmacol., 48(4):517-527.

[5] A. Favier (2003), Le stress oxydant. Intérêt conceptuel et expérimental dans la compréhension des mécanismes des maladies et potentiel thérapeutique. 108-115

[6] M. Gardès-Albert, Z. Abedinzadeh, D. Jore (2003), L'actualité chimique. 269-270.

[7] P.Bertrand (2008), Implication du stress oxydatif dans la toxicité du plomb sur une plante modèle,Thèse de Doctorat, Institut National Polytechnique de Toulouse Vicia faba,p.17

[8] J. Médart (2009), Manuel pratique de nutrition: L'alimentation préventive et curative,2$^e$ édition, Editions De Boeck Université, Bruxelles, p.2-51

[9] B. A. Freeman, J. J. O'Neil (1984), Tissue slices in the study of lung metabolism and toxicology. Environ Health Perspect ,56:51-60.

[10] J.S. Bus, J.E. Gibson (1984), Paraquat: model for oxidant-initiated toxicity. Environ Health Perspect, 55:37-46.

[11] R. H. Burdon, V. Gill, C. Rice-Evans (1990), Oxidative stress and tumour cell proliferation. Free Radic Res Commun. 11(1-3):65-76.

[11] R. H. Burdon, V. Gill, C. Rice-Evans (1990), Oxidative stress and tumour cell proliferation. Free Radic Res Commun. 11(1-3):65-76.

[12] R. P. Mason, P. M. Hanna, M. J. Burkitt, M. B. Kadiiska (1994), Detection of oxygen-derived radicals in biological systems using electron spin resonance. Environ Health Perspect, 102 (Suppl 10):33-36.

[13] T.Fukushima, T. Tawara, A. Isobe, N. Hojo, K. Shiwaku, Y. Yamane (1995), Radical formation site of cerebral complex I and Parkinson's disease. J Neurosci Res 42:385-390.

[14] J.F. Toussaint, M. P. Jacob, L. Lagrost, J. Chapman (2003), L'athérosclérose : Physiopathologie, Diagnostics, Thérapeutiques, Masson, Paris, p. 269-290.

[15] L. Mabile, O.Meilhac, I. Escargueil-Blanc, M. Troly, M.T. Pieraggi, R. Salvayre, A. Nègre-Salvayre, Arterioscler. Thromb. Vasc. Biol. (1997), 17, 1575-1582.

[16] L. Papazian, A. Roch (2008), Le syndrome de détresse respiratoire aiguë, Springer-Verlag, France, p.153

[17] C. Poncelet, C. Sifer (2011), Physiologie, Pathologie et Therapie De La Reproduction Chez L'humain, Spring-Verlag France, Paris, p.84.

[18] U. Solzbach, B. Hornig, M. Jeserich, H. Just (1997), Vitamin C improves endothelial dysfunction of epicardial coronary arteries in hypertensive patients. Circulation 96(5):1513-1519.

[19] E. A. Ostrakhovitch, I. B. Afanas'ev (2001), Oxidative stress in rheumatoid arthritis leukocytes: suppression by rutin and other antioxidants and chelators. Biochem.Pharmacol., 62 (6):743-746.

[20] J. Miquel (2002), Can antioxidant diet supplementation protect against age-related mitochondrial damage? Ann N Y Acad Sci. 959: 508-516.

[21] A. A. Boldyrev (2005), Protection of proteins from oxidative stress: a new illusion or a novel strategy? Ann.N.Y.Acad.Sci.,1057: 193-205.

[22] B. Halliwell, J. M. Gutteridge (1995), The definition and measurement of antioxidants in biological systems. Free Radic Biol Med. 18(1):125-126.

[23] J. M. Gutteridge, B. Halliwell (2000), Free radicals and antioxidants in the year 2000.A historical look to the future. Ann N Y Acad Sci., 899:136-147.

[24] W.J. Bauer,R. Badoud,J. Löliger,A. Etournaud (2010), Science et technologie des aliments: Principes de chimie des constituants et de technologie des procédés,1èreédition,Presses polytechniques et universitaires romandes, Lausanne, p.212

[25] B.Poaty-Poaty (2004), Modification chimique d'antioxydants pour les rendre lipophiles: application aux tannins, Thèse de Doctorat, Université de Nancy I, p.4,135

[26] I. Tedesco, M. Russo, P. Russo, G. Iacomino, G. L. Russo, A. Carraturo, C. Faruolo,L. Moio, R. Palumbo (2000), Antioxidant effect of red wine polyphenols on red blood cells. J.Nutr.Biochem., 11(2):114-119.

[27] K. A. Youdim, B. Shukitt-Hale, S. MacKinnon, W. Kalt, and J. A. Joseph (2000), Polyphenolics enhance red blood cell resistance to oxidative stress *in vitro* and *in vivo*. Biochim.et Biophys. Acta., 1523(1):117-122.

[28] M. Sandoval, N. N. Okuhama, X. J. Zhang, L. A. Condezo, J. Lao, F. M. Angeles, R.A. Musah, P. Brobowski, M.J. Miller (2002), Anti-inflammatory and antioxidant activities of cat's claw (Uncaria tomentosa and Uncaria guinasensis) are independant of their alkaloid content. Phytomedecine 9(4):325-337.

[29] S. Benedetti, F. Benvenuti, S. Pagliarani, S. Francogli, S. Scoglio, F. Canestrari. (2004), Antioxidant properties of a novel phycocyanin extract from the blue-green alga Aphanizomenon flos-aquae. Life Sci 75:2353-2362.

[30] S. Kitagawa, H. Sakamoto, H. Tano (2004), Inhibitory effects of flavonoids on free radical-induced hemolysis and their oxidative effects on hemoglobin. Chem.Pharm.Bull.(Tokyo), 52(8):999-1001.

[31] N.Balasundram, N. S. Agar, K. Sundram, S. Samman (2004), Palm fruit extracts protect against oxidative damage in human red blood cells. Asia Pac.J.Clin.Nutr. 13:S75.

[32] Grabmann, J., S. Hippeli, R. Spitzenberger, and E. F. Elstner (2005), The monotrepene terpinolene from the oil of Pinus mugo in concert with a-tocopherol and b-carotene effectively prevent oxidation of LDL. Phytomedecine, 12(6-7):416-423.

[33] A. N. Colado Simao, A. A. Suzukawa, M. F. Casado, R. D. Oliveira, F. A. Guarnier, R. Cecchini (2006), Genistein abrogates pre-hemolytic and oxidative stress damage induced by 2,2'-Azobis (Amidinopropane). Life Sci 78 (11):1202-1210.

[34] G. R. Buettner (1993), The pecking order of free radicals and antioxidants: lipid peroxidation, alpha-tocopherol, and ascorbate. Arch. Biochem. Biophys. 300 (2):535-543.

[35] Gerald F. Combs, Jr. (2012), The Vitamins: Fundamental Aspects in Nutrition and Health, 4e edition, Academic Press, Elsevier, p.196

[36] B. Halliwell, J. M. Gutteridge (2007), Free radicals in biology and medicine, 3rd edition,Oxford University Press, Midsomer Norton, Avon, England.

[37] A. A. Boldyrev (1993), Does carnosine possess direct antioxidant activity? Int. J. Biochem., 25(8):1101-1107

[38] B. N. Ames, K. Shigenaga, T. M. Hagen (1993), Oxidants, antioxidants and the degenerative diseases of aging. Proc. Natl. Acad. Sci. USA, 90:7915-7922

[39] L. Packer, K. Kraemer, G. Rimbach (2001), Molecular aspects of lipoic acid in the prevention of diabetes complications. Nutrition, 17(10): 888-895

[40] R. Stocker, Y. Yamamoto, A. F. McDonagh, A. N. Glazer, B. N. Ames (1987), Bilirubin is an antioxidant of possible physiological importance. Science, 235(4792):1043-1046

[41] K. A. Naidu, 2003. Vitamin C in human health and disease is still a mystery? An overview. Nutrition Journal, 2:7.

[] H.G. Reginald, M.G. Charles (2000), Biochimie, De Boeck supérieur, Paris, p.599.

[43] A. Carr, B. Frei (1999), Does vitamin C act as pro-oxidant under physiological conditions? FASEB J, 13(9):1007-1024

[44] B. Halliwell, J.M.C. Gutteridge (1999), Free radicals in Biology and Medicine, Oxford University Press, Oxford.

[45] M. Greff (2011), Post'u Fmc-he: Paris, Du 24 Au 27 Mars 2011, Spring-Verlag France, Paris, p.39

[46] B. Halliwell, J.M.C. Gutteridge (1986), Oxygen free radicals and iron in relation to biology and medicine: some problem and concepts. Arch Biochem Biophys., 246:501-514.

[47] Z.Hadbaoui (2012), Evaluation de l'activité antioxydante des fractions lipidiques, protéiques et phénoliques de sorgho et de mil locaux, Thèse de doctorat, Université de Ouargla, p.54.

[48] E. Herrera, C. Barbas (2001), Vitamin E: action, metabolism and perspectives. J. Physiol. Biochem., 57:43-56

[49] J. E. Packer, J. S. Mahood, V. O. Mora-Arellano, T. F. Slater, R. L. Willson, B.S. Wolfenden,1981. Free radicals and singlet oxygen scavengers: reaction of a peroxy-radical with beta-carotene, diphenyl furan and 1,4-diazobicyclo (2,2,2)-octane. Biochem Biophys Res Commun., 98:901-906.

[50] J. Dai, R.J. Mumper (2010), Plant Phenolics: Extraction, Analysis and Their Antioxidant and Anticancer Properties. Molecules, 15(10):7313-52.

[51] G. Goetz, A. Fkyerat, N. Métais, M. Kunz, R. Tabacchi, R. Pezet, V. Pont (1999), Resistance factors to grey mould in grape berries: identification of some phenolics inhibitors of Botrytis cinerea stilbene oxidase. Phytochemistry, 52: 759-767.

[52] M. D'Archivio, C. Filesi, R. Di Benedetto, R. Gargiulo, C. Giovannini, R. Masella (2007), Polyphenols, dietary sources and bioavailability. Ann. Ist. Super. Sanita, 43(4): 348-361.

[53] I. Gulcin (2006), Antioxidant activity of caffeic acid (3,4-dihydroxycinnamic acid). Toxicology, 217: 213-220.

[54] M. Sefkow (2001), First efficient synthesis of chlorogenic acid. EUR J ORG C, (6):1137-1141

[55] Bruneton, J. (1999), Pharmacognosie, Phytochimie, Plantes Medicinales. 3rd Edn., Technique et documentation Lavoisier, Paris, p.371-379

[56] C. Alan, B. J. Indu, N.C. Michael (2009), Dietary phenolics: chemistry, bioavailability and effects on health, Nat. Prod. Rep., 26:1001-1043.

[57] S. Bertuglia, S. Malandrino, A. Colantuoni (1995), Effects of Vaccinium Myrtillus anthocyanosides in ischemia reperfusion injury in cheek pouch microvasculature. Pharmacological Research,31 :183-187.

[58] O. G. Nacoulma-Ouedraogo (1996), Plantes médicinales et pratiques médicales traditionnelles au Burkina Faso, cas du plateau central, Tome I et II, Thèse de Doctorat d'Etat. Université de Ouagadougou.

[59] C.Y. Lee, A. Sharma, J.E. Cheong, J.L. Nelson (2009), Synthesis and antioxidant properties of dendritic polyphenols. Bioorg. Med. Chem. Lett., 19:6326-6330.

[60] J.J. Macheix, A. Fleuriet, C. Jay-Allemand (2005), Les composés phénoliques des végétaux: un exemple de métabolites secondaires, Presses polytechniques et universitaires romandes, Lausanne, Italie, p. 142, 145, 148, 151,

[61] D. Lanzmann-Petithory (2002), La diététique de la longévité, Edition Odile Jacob, Paris, p.130

[62] Y.Hanasaki, S. Ogawa, S. Fukui (1994), The correlation between active oxygen

scavenging and oxidative effects of flavonoids. Free.Rad.Biol.Med, 16: 845-850.

[63] M. Antolovich, P.D. Prenzler, E. Patsalides, S. McDonald, K. Robards (2002), Methods for testing antioxidant activity. Analyst, 127: 183-198.

[64] I.I. Koleva, T.A. van Beek, J.P. Linssen, A. Groot, L.N. Evstatieva (2002), Screening of plants extract for antioxidant activity: a comparative study on three testing methods. Phytochemical analysis, 13(1): 8-17.

[65] Jane Hubert (2006), Caractérisation biochimique et propriétés biologiques des micronutriments du germe de soja – Etude des voies de sa valorisation en nutrition et santé humaines, Thèse de doctorat, Institut National Polytechnique de Toulouse, p.64.

[66] I. Hinneburg, H.J. Damien Dorman, R. Hiltunen (2006), Antioxidant activities of extracts from selected culinary herbs and spices. Food Chem., 97:122-129.

# Chapitre III
# Matériels et Méthodes

## III. Matériels et méthodes :

Notre travail de recherche a été réalisé au sein du laboratoire de valorisation et technologie des ressources sahariennes (VTRS).

### III. 1. Matériels :

#### III.1.1. Matériels de laboratoire :

La liste de la verrerie, les solvants, les réactifs, l'appareillage et d'autre équipements est mentionnée dans l'annexe.

#### III.1.2. Matériel végétal :

##### III.1.2.1. Echantillonnage et description :

Les échantillons d'aubergines ont été échantillonnées en novembre 2011 de la région d'El-Oued (Guemar) où le climat chaud et aride.

Tous les fruits ont été récoltés sous les conditions de mûrissement standard et ont constitué un matériel végétal intéressant de notre étude. Le tableau III.1 regroupe l'origine, la couleur et la codification des échantillons.

| Variété de fruit | Code de cultivars | Origine | Couleur |
|---|---|---|---|
| Aubergine claire | AB | El-Oued | blanche |
| Aubergine foncée | AV | El-Oued | Violet-pourpre |

***Tableau III.1.*** Description des aubergines échantillonnées.

La figure III.1 suivante représente les photos des aubergines étudiées :

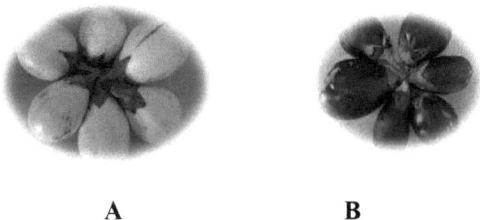

A        B

***Figure III.1.*** Les deux variétés d'aubergine à étudiées.

**A** : AB, **B** : AV

## III.1.2.2. Préparation des échantillons :

L'extraction se mène en trois classes pour chaque type (aubergine violette pourpre et blanche) : l'extraction de cortex, de pulpe et d'aubergine entière.

Les fruits d'aubergine obtenues sont soigneusement lavés avec de l'eau courante, séchés à la serviette. Les cortex sont les parties de l'aubergine enlevés par du couteau légumineuses, comme une mince couche de pulpe d'aubergine est restée adhérer au cortex, le cortex peut être considéré comme la zone épidermique des aubergines et coupés en petits morceaux.

La pulpe fraîche obtenue après l'épluchage est pilés à l'aide du robot, même chose pour l'échantillon d'aubergine entière (cortex+ pulpe). L'échantillon à congeler est soumis à la même procédure puis il est congelé à une température de (-5°C).

## III.2. Méthodes :

Notre étude a été surtout guidée par une idée majeure à savoir :
La comparaison entre deux espèces : aubergine blanche et violette pourpre dans l'état frais et congelé selon les paramètres suivants :

1- Dosage des polyphénols totaux.

2- Evaluation de l'activité antioxydante des extraits des aubergines.

## III.2.1. Protocole utilisé pour l'extraction des composés phénoliques :

L'échantillon préparé de chaque partie (poids en grammes) a été mis dans une cartouche en cellulose. Cette dernière est ensuite introduite dans un extracteur de type soxhlet fixé sur un ballon qui contient 120 ml du solvant et surmonté d'un réfrigérant. On procède à l'épuisement par un solvant moyennement polaire : éthanol absolue 99% pendant 2 h.

La température de chauffage est légèrement réglée au-dessus de la température d'ébullition du solvant d'extraction (~55°C) pendant un temps nécessaire à l'épuisement du végétal. L'indice d'épuisement de notre échantillon est donné par la clarification du solvant d'extraction dans le siphon du soxhlet (5 cycles). Après épuisement, nous avons procédé à la filtration de nos extraits obtenus afin d'éliminer les substances insolubles. Par la suite, nous avons transvasé l'extrait dans un autre ballon puis nous avons concentré à sec l'extrait dans un évaporateur rotatif muni d'une pompe à vide à une température de 50°C puis à 77°C pour éliminer l'eau. Dans cette dernière étape, on prendra soin de noter la masse du ballon avant et après évaporation afin de calculer le rendement d'extraction, le résidu sec obtenu, est solubilisé dans 5 à 10 ml d'éthanol avec le chauffage afin de récupérer les polyphénols totaux contenus dans cet extrait. On a bien remarqué qu'il y a une quantité de cet extrait qui ne se dissout pas dans l'éthanol par contre elle se dissout dans de l'eau distillé, on a noté sa masse avec précision avant la dissolution. Enfin on a obtenu :

    a. Une partie de l'extrait soluble dans de l'éthanol.
    b. Une partie de l'extrait soluble dans de l'eau distillée.

Les deux fractions (éthanolique et aqueuse) obtenus sont dosés à l'aide d'un spectrophotométre UV-visible afin de quantifier les teneurs en polyphénols totaux et ils sont analysés par la méthode de voltampérométrie cyclique et la méthode voltampérométrie à onde carrée pour déterminer le pouvoir antioxydant des polyphénols contenus dans le cortex, la pulpe et le fruit entier de l'aubergine.

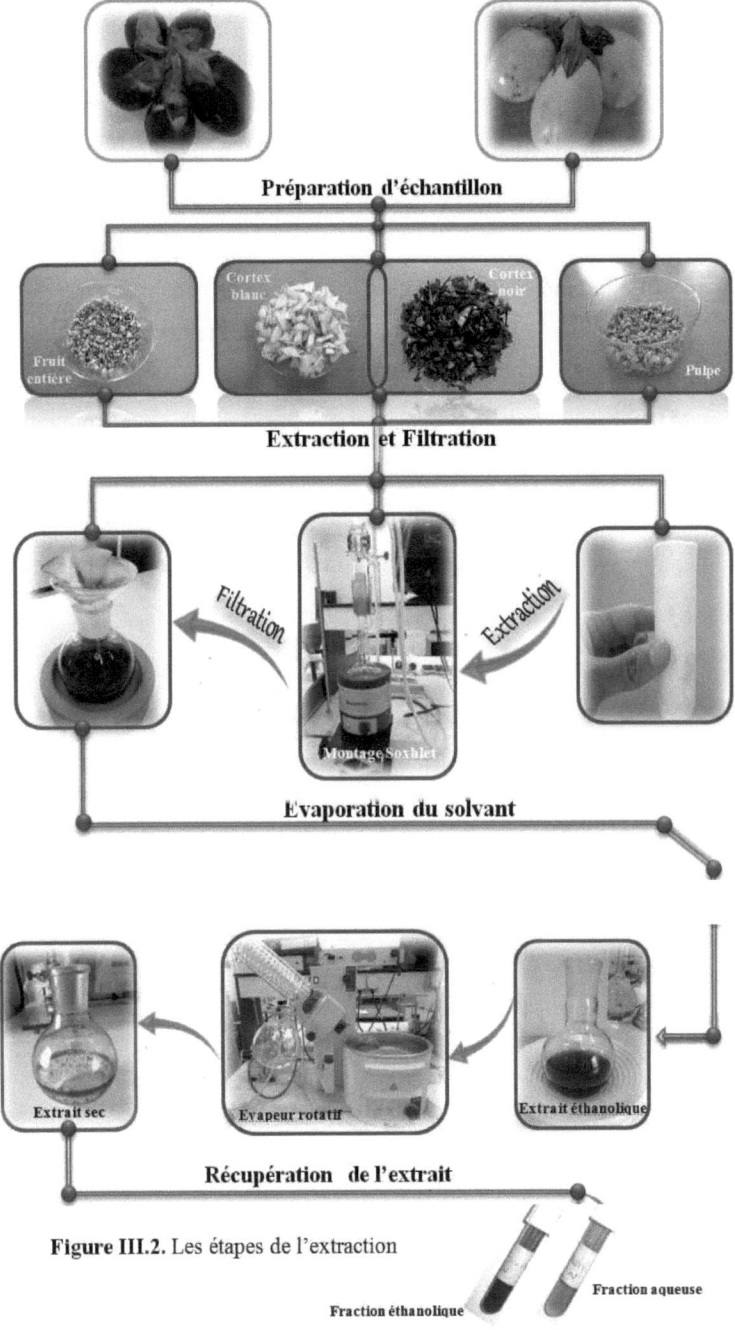

**Figure III.2.** Les étapes de l'extraction

## III.2.2. Dosage des polyphénols totaux :

La détermination de la teneur en polyphénols totaux de nos extraits est une analyse d'extrême importance pour définir leur contribution dans l'activité antioxydante compte tenu de leurs majeurs rôles notamment pour la santé humaine.

Le dosage des polyphénols totaux dans les extraits d'aubergine a été effectué spectrophotométriquement selon la méthode au réactif de Folin-Ciocalteu.

Ce dosage est basé sur la quantification de la concentration totale de groupements hydroxyles présents dans l'extrait. Le réactif de Folin-Ciocalteu consiste en une solution jaune d'acide contenant un complexe polymérique d'ions (hétéropolyacides). En milieu alcalin, le réactif de Folin-Ciocalteu, oxyde les phénols en ions phénolates et réduit partiellement ses hétéropolyacides, d'où la formation d'un complexe bleu [1] (Figure III.3.).

Ainsi, une lecture de la densité optique à 760 nm permet de déterminer la concentration des polyphénols, en se référant à une courbe d'étalonnage tracée à partir d'une série de solutions standards de l'acide gallique ayant des concentrations comprises entre 0.03 et 0.3 g/L.

***Figure III.3.*** La solution d'extrait après l'addition du réactif pour le dosage.

On ajoute 500 du réactif de Folin- Ciocalteu (10 fois dilué) dans chaque tube. En suite, on ajoute 2 mL de carbonates de sodium à 20%. Les solutions sont mises dans un endroit obscur pendant 30 minutes à température ambiante. L'absorbance de chaque solution a été déterminée à 760 nm à l'aide d'un spectrophotomètre.

### III.2.3. Evaluation de l'activité antioxydante des extrais d'aubergine :

De nombreuses méthodes sont utilisées pour l'évaluation de l'activité antioxydante des composés purs ou des extraits. La plupart de ces méthodes sont basées sur la coloration ou la décoloration d'un réactif dans le milieu réactionnel. Récemment, les méthodes décrit pour tester les propriétés antioxydantes, c'est les méthodes électrochimiques grâce à la possibilité de fournir des informations quantitatives et qualitatives sur les processus électrochimiques afin de comprendre leurs comportements.

Nous avons utilisé deux méthodes électrochimiques différentes : la voltampérométrie cyclique et voltampérométrie à onde carrée afin de déterminer le pouvoir antioxydant des polyphénols contenus dans l'aubergine.

### III.2.3.1. Techniques expérimentales utilisées :

La voltammétrie cyclique et la voltammétrie à onde carrée sont deux techniques électrochimiques parmi les plus couramment utilisées et qui présentent également des méthodes de choix, notamment pour évaluer les pouvoirs réducteurs des espèces chimiques. Elles sont des techniques expérimentales permettant l'étude de système en régime de diffusion pure.

Le principe général de la voltampérométrie est donc l'obtention d'une réponse (le courant) du système soumis à une perturbation (le potentiel) responsable de la réaction électrochimique désirée. Cette opération est réalisée en effectuant une exploration par imposition et variation progressive du potentiel d'électrode (balayage de potentiel) [2].

La connaissance des caractéristiques fondamentales d'une réaction électrochimique se fait au moyen de la mesure des variations du courant en fonction du potentiel appliqué aux bornes d'une cellule d'électrolyse. Cette relation se traduit par l'obtention de figures appelées voltampérogrammes. A partir des courbes obtenues, il est alors possible de déterminer la nature et la concentration des espèces Ox et Red, aussi d'évaluer des paramètres de cinétique électrochimique ...etc.

### III.2.3.1.A. Dispositif expérimental des techniques voltammétriques :

Le dispositif expérimental pour réaliser des mesures électrochimiques nécessite la présence des composants suivants :

- **Potentiostat :**

C'est un appareil électronique d'asservissement, aux bornes duquel les trois électrodes sont connectées (Figure III.4). On l'utilise pour imposer à l'électrode indicatrice un potentiel bien contrôlé. Cet appareil fournit automatiquement la tension électrique entre l'électrode indicatrice et la contre-électrode, nécessaire pour que la tension entre l'électrode indicatrice et l'électrode de référence soit maintenue est égale à une valeur de consigne affichée sur l'appareil.

Pour décrire un voltampérogramme, on effectue alors un balayage de potentiel en modifiant progressivement la tension de consigne contrôlée par le potentiostat, au moyen d'un système de pilotage automatique [2].

- **Cellule électrochimique :**

C'est une cellule de mesure en verre de volume bien définie, elle renferme la solution électrolytique contenant l'échantillon à analyser et dans laquelle plongent les électrodes : de travail, auxiliaire et de référence comme illustre les figures III-4,5.

L'électrolyte support, composé d'espèces chargées présent en grande quantité devant les espèces d'intérêt, ce qui assure la conductivité (le transport des ions) et ne participe pas aux réactions.

Il est important en effet, afin d'assurer une densité de courant homogène à l'électrode de travail et de minimiser le phénomène de la chute ohmique, de maintenir aussi proche que possible l'électrode de travail et l'électrode auxiliaire [3].

### ⵣ Electrodes :

Il faut opérer dans une cellule d'électrolyse comportant trois électrodes auxquelles un circuit extérieur se trouve connecté [2].

**a)** Electrode de référence :

L'électrode de référence possède un potentiel spécifique et constant. Cette propriété permet de pouvoir imposer un potentiel précisément défini entre cette électrode et l'électrode de travail afin de forcer l'oxydation de la molécule étudiée. Les électrodes de références les plus utilisées sont celles au calomel saturé $Hg/Hg_2Cl_2/KCL$, et celles au chlorure d'argent saturé $Ag/AgCl$ (KCl 3M).

**b)** Electrode de travail :

En règle générale, l'électrode de travail (ou encore, électrode indicatrice) où doivent avoir lieu les réactions que l'on désire produire, doit être stable pendant une très grande période, doit posséder un bon rapport signal/ bruit de fond et doit être également simple à manipuler et à conditionner. Le potentiel de cette électrode peut être contrôlé à l'aide d'une électrode de référence.

De plus, les solutés à analyser doivent y développer une cinétique de réaction électrochimique rapide dans un large domaine de potentiel accessible [4].

Dans notre étude, nous avons choisis l'électrode au carbone vitreux de diamètre 3 mm comme une électrode de travail en raison de sa facilité de mise en œuvre et de son faible courant résiduel [5].

**c)** Electrode auxiliaire :

L'électrode auxiliaire appelée aussi contre-électrode qui permet de mesurer l'intensité du courant circulant dans la cellule électrochimique au cours de l'électrolyse [2,6]. Le potentiel de la contre-électrode n'ayant en général pas besoin d'être lui-même contrôlé [2].

En effet, les électrons libérés au cours de la réaction d'oxydoréduction créent un courant entre l'électrode auxiliaire et l'électrode de travail. Il s'agit d'une électrode en inox, en platine ou bien en carbone qui assure le passage du courant [7].

Dans notre étude, l'électrode auxiliaire est un fil en platine (Pt) pure à 99.99%. En raison de la formation d'oxyde sur la surface du matériau, les électrodes en platine sont recommandées [8,9].

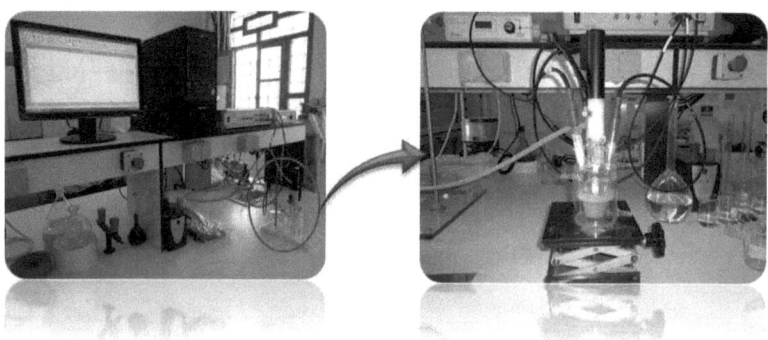

*Figure III.4.* Dispositif expérimental valtampérométrique.   *Figure III.5.* La cellule électrochimique à trois électrodes.

## III2.3.1.B. Expérience :

L'expérience voltammétrique consiste à appliquer un potentiel à l'électrode de travail qui varie avec le temps comme le montre la Figure III.6,9. L'expérience enregistre le courant circulant à travers l'électrode de travail en fonction du potentiel appliqué et en même temps un tracé de courant en fonction du potentiel est construit. Le potentiel de l'électrode de travail commence par une valeur, $E_1$, généralement mais pas obligatoire, il est choisie pour correspondre à la circulation du courant négligeable afin d'assurer qu'aucune réaction électrochimique ne se produise sur l'électrode de travail.

Le potentiel est ensuite balayé d'une manière linéaire jusqu'à une tension $E_2$, mais pour la voltammétrie cyclique, à ce point le sens du balayage est inversé et le potentiel d'électrode de travail est inversé généralement jusqu'au retour à la valeur initiale. Le potentiel $E_2$ est généralement sélectionné de sorte que l'intervalle de potentiel ($E_2$-$E_1$) contient le processus d'oxydation ou de réduction d'intérêt [10]. Tout en gardant la même vitesse de balayage.

Au début de l'application du potentiel, le courant imposé est faible, car il n'y a pas de réaction redox. Lorsqu'on augmente le potentiel imposé, la réaction d'oxydation devient favorable et les espèces réduites à proximité de l'électrode sont oxydées avec transfert d'électron à l'électrode de travail, entraînant la diffusion d'espèces réduites vers l'électrode.

### III.2.3.2. Voltammétrie cyclique :

La Voltammétrie cyclique est la technique la plus utilisée pour acquérir des informations qualitatives sur les réactions électrochimiques. Cela revient à sa capacité de fournir rapidement des informations considérables sur les processus redox, la cinétique de réactions de transfert d'électrons hétérogènes et sur les réactions chimiques couplées ou encore des procédés d'adsorption. La voltammétrie cyclique est souvent la première expérience réalisée dans l'étude électroanalytique. En particulier, elle offre une localisation rapide des potentiels redox des espèces électroactives, et l'évaluation convenable de l'effet des milieux sur le processus d'oxydo-réduction [11].

**Principe :**

La voltampérométrie cyclique est une méthode électroanalytique basée sur des mesures dans des conditions de microélectrolyse dynamiques (hors équilibre). Les courbes obtenues (qui sont caractéristiques de la solution électrolytique) peuvent être utilisées pour déterminer la nature et la concentration des espèces oxydables ou réductibles présentes [2].

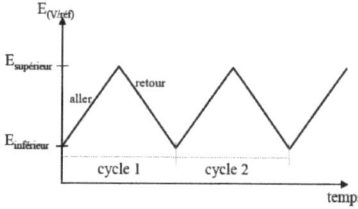

***Figure.III.6.*** Evolution du potentiel en fonction du temps en voltammétrie cyclique.

Lors de l'application du potentiel, les espèces électroactives présentes à la surface de l'électrode s'oxydent (ou se réduisent) et l'intensité anodique (ou cathodique) augmente jusqu' un maximum. Les courbes I-E ont donc la forme de pics (Figure III - 6). En effet, la concentration des espèces consommées à l'interface électrode / solution électrolytique diminue et dans les conditions de diffusion linéaire semi-infinie, le courant après le pic diminue. L'intensité du pic obtenu est proportionnelle à la concentration de l'espèce correspondante.

Par la suite, une réaction d'oxydation de type : Red $\rightarrow$ Ox + n $\bar{e}$ est considérée, avec uniquement l'espèce Red présente en solution au début de l'expérience

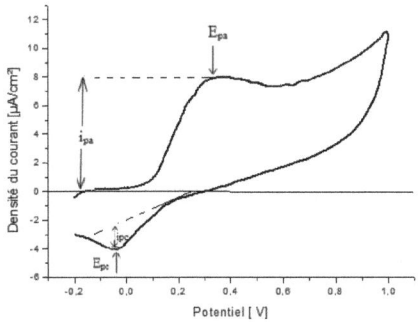

***Figure.III.7.*** Voltammogramme cyclique typique pour un simple processus réversible d'oxydo-réduction

**L'interprétation des données:**

Le voltammogramme cyclique est caractérisé par plusieurs paramètres importants. Quatre d'entre eux sont observables, les potentiels d'oxydations ($E_{pa}$) et de réductions ($E_{pc}$), ainsi que les intensités des courants des pics $i_{pc}$ et $i_{pa}$ de l'espèce étudiée, fournissent la base pour le diagnostic développé mis au point par Nicholson et Shain pour analyser la réponse cyclique voltammétrique [11].

L'étude des courbes intensité-potentiel enregistrées, appelées communément voltammogrammes cycliques, rend compte des caractéristiques du système étudié. Trois cas sont à considérer :

⬥ système réversible :

Un système est dit réversible ou Nernstien si le transfert de charge est rapide. La relation entre la concentration des espèces électroactives à la surface de l'électrode la densité de courant du pic ($i_{pa}$) correspondante est montrée par l'équation de Randles-Sevcik, ce qui donne à 25° C :

$$i_{p_a} = (2.69 \times 10^5).n^{3/2}.D_{Ox}^{1/2}.C_{Ox}.v^{1/2}$$

⬥ système irréversible :

Pour un système totalement irréversible, le transfert électronique hétérogène est lent et donc l'équation de Nernst n'est plus applicable. La réaction inverse peut être négligée. L'expression de la densité de courant en fonction de la concentration d'éspèce électroactive est donnée par l'équation de Randles-Sevcik à 25° C suivante :

$$i = (2.99 \times 10^5).\alpha^{1/2}.D^{1/2}.C.v^{1/2}$$

⮞ système quasi-réversible :

L'expression mathématique du courant du pic pour ce système a été développée par Matsuda et Ayabe, le courant de pic est donné par l'expression suivante :

$$i_p = (2.69 \times 10^5).S.n^{3/2}.D^{1/2}.C.K.v^{1/2}$$

Avec, K, constante de vitesse.

Les voltammogrammes cycliques caractéristiques de ces trois situations sont présentés sur la figure III.8 suivante :

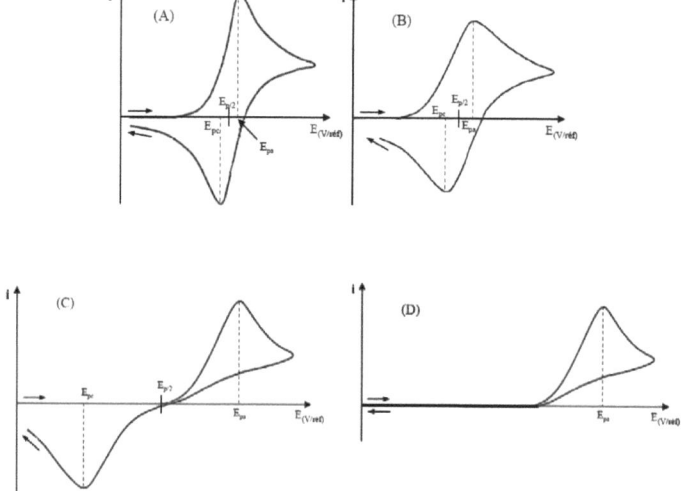

*Figure.III.8.* Voltammogrammes cycliques pour des systèmes : réversible rapide (A), quasi réversible semi rapide (B) réversible lent (C) totalement irréversible (D)

Ces voltampérogrammes ont pour caractéristique principale de dépendre de la vitesse de balayage de potentiel, laquelle peut être rendue très élevée. Par ailleurs, la réalisation de balayage aller et retour donne naissance à des voltampérogrammes présentant un tracé différent au retour et à l'aller.

**Application :**

La voltammétrie cyclique peut être utilisé qualitativement pour donner une «empreinte digitale» des processus électrochimiques, retracer les effets réversibles et irréversibles, et déterminer les niveaux de tension qui produisent une opération stable. Ainsi la voltammétrie cyclique quantitative est également possible, par exemple pour mesurer les densités de charge associés au processus d'intercalation / désintercalation [12].

### III.2.3.3. Méthode de voltammétrie à onde carrée :

La Voltammétrie à ondes carrées est une technique électrochimique puissante qui peut être appliquée dans les deux mesures, électrocinétiques et analytique [13]. Elle est beaucoup plus sensible et peut fournir une meilleure résolution que la voltammétrie cyclique ou la voltammétrie d'impulsion normale. Pour ces raisons, SWV peut être la méthode de choix pour les systèmes à faibles concentrations de matériel électroactive ou à des signaux interférés [14,15].

**Description et Principe :**

La voltammétrie à onde carrée est une technique de large amplitude différentielle dans laquelle la forme d'onde est composée d'une onde carrée symétrique, superposée à un potentiel avec une rampe en escalier, est appliquée à l'électrode de travail [11]. Le courant est échantillonné à deux reprises durant chaque cycle d'onde carrée, une fois à la fin de chaque pulse montant (à l'instant $t_1$) et une fois à la fin de l'impulsion inverse (à $t_2$). Le signal mesuré, qui est la différence Di entre les courants mesurés de deux impulsions successives est enregistrée comme une réponse nette et il est tracé en fonction du potentiel correspondant de la forme d'onde escalier [2, 3,4].

la SWV permet d'améliorer la sensibilité non seulement par une augmentation du rapport courant faradique/courant capacitif mais également par la réduction du temps de mesure [7].

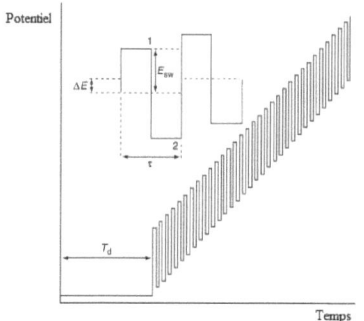

***Figure.III.9.*** La forme d'onde de l'onde carrée montrant l'amplitude, la hauteur du pas, la période de l'onde carrée, temps de retard, et les temps de mesure de courant 1 et 2. [11]

La courbe dimensionnelle du courant net est donnée dans figure III.10. La forme de pic résultante de voltammogramme est symétrique autour du potentiel de demi-onde, et le courant de pic est proportionnelle à la concentration [11].

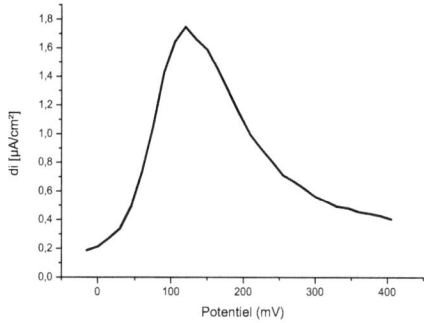

***Figure.III.10.*** voltammogramme à onde carrée.

- Le courant net de pic peut être calculé par la relation suivante :

$$\Delta i_p = nFSD_r^{1/2}\Delta\phi_p f^{1/2}C$$

Où est le nombre d'électrons, est la constante de Faraday, est la surface de l'électrode, est la concentration de l'espèce Ox ou Red, est le coefficient de diffusion de l'espèce Ox ou Red, est la fréquence d'onde carrée et est le potentiel de demi-onde de la réaction. La réponse nette adimensionnelle est fonction de : l'amplitude d'onde carrée et : l'incrément du potentiel [16].

**Application:**

L'application de SWV a été très répandue dans la dernière décennie, surtout en raison, de sa grande sensibilité aux réactions confinées à la surface des électrodes.

La voltammétrie à onde carrée a été appliquée dans de nombreuses mesures électrochimiques et électroanalytique. En dehors de l'investigation de la cinétique de transfert de charge des ions de zinc dissous et des espèces organiques adsorbées, les mécanismes des réactions d'oxydo-réduction de titane, de fer et les complexes métalliques adsorbés ont été analysés [16].

### III.2.3.4. Etude de l'activité antioxydante des aubergines :

### III.2.3.4.1. Principe :

Le principe de cette étude est basé sur l'obtention de valeur de la concentration équivalente de l'acide ascorbique en g/L à partir de la densité du courant d'extrait correspondant de concentration en g/ml. Cette valeur nous permet d'évaluer l'activité antioxydante de chaque extrait par de simple calcul et le résultat a été exprimé en milligrammes par millilitre.

### III.2.3.4.2. Procédure expérimentale :

Les manipulations électrochimiques sont réalisées à température ambiante (298 K°) dans une cellule électrochimique connectée à un potentiostat voltalab 40. L'interface est pilotée par un microordinateur, utilisant le logiciel Voltamaster 4 version 7.08. Un système à trois électrodes a été utilisé pour toutes les expériences. La meilleure électrode pour cet objectif est en carbone vitreux qui minimise les interférences de l'éthanol qui s'oxyde sur des électrodes métalliques inertes telles que le platine et l'or [17]. Une contre-électrode en platine et une électrode de référence, connectée à la cellule, complètent le dispositif de mesure. Tous les potentiels sont exprimés par rapport à cette électrode de référence. Les solutions électrolytiques sont constituées d'ions phosphates (dihydrogénophosphate de potassium et hydrogénophosphate de dipotassium) à la concentration de 0,2 mol.L$^{-1}$ et à pH de 7,2. Avant chaque mesure, les solutions sont désaérées par barbotage d'azote pendant quelques minutes, puis un flux d'azote est maintenu à la surface de la solution. Pour chaque courbe intensité-potentiel, le domaine de potentiel est choisi de manière à éviter l'oxydation et la réduction de l'eau (solvant).

De plus, entre chaque expérience, un nettoyage systématique de l'électrode de travail est réalisé. Il consiste à polir la surface de l'électrode avec du papier abrasif. Après rinçage à l'eau distillée, l'électrode est immergée dans la solution qui y compris l'extrait à analyser.

Enfin, des voltammogrammes cycliques sont effectués dans la solution tampon avec le volume ajouté de chaque extrait à 100 mV.s$^{-1}$ entre le domaine d'électroactivité des polyphénols jusqu'à l'obtention de courbes intensité-potentiel reproductibles et présentant une allure caractéristique.

### III.2.3.4.3. Obtention de la courbe d'étalonnage du standard (l'acide ascorbique) :

Les mesures électrochimiques sont réalisées dans une cellule en verre contenant trois électrodes : électrode de travail, contre-électrode en platine et l'électrode de référence saturée avec KCl.

On commence par l'étude électrochimique du comportement du standard utilisé qui est l'acide ascorbique dans l'intervalle de concentration allant de mM à 0.868 mM.

✓ Le potentiel E : -200 jusqu'à 1000 mV.
✓ Vitesse de balayage est constante : 100 mV/s

### III.2.3.4.4. Obtention des voltammogrammes cycliques et d'ondes carrées d'échantillons :

De la même façon et sous les même conditions précédentes appliquées sur l'acide ascorbique, on traite les extraits éthanoliques des trois types d'échantillonnages de *Solanum melongena* L. violettes pourpres et blanches, on obtient les voltampérogrammes cycliques suivants en ajoutant une quantité bien déterminée de l'extrait dans la cellule électrochimique.

### III.2.3.4.5. La teneur de l'équivalent de l'acide ascorbique :

La teneur en composé phénolique des échantillons d'aubergine était mesurée en utilisant les méthodes électrochimiques. Une fois, on ajoute une quantité bien déterminée de chaque extrait dans un volume de 25 ml de solution tampon, après l'obtention des voltammogrammes on peut lire le courant de pic anodique correspondant. Ce dernier est alors porté dans l'équation linéaire pour calculer la concentration équivalente de l'acide ascorbique. La teneur en acide ascorbique a été exprimée en milligrammes par millilitres.

Alors, la teneur de l'équivalent de l'acide ascorbique est calculée comme suit:
Pour calculer la concentration de tout l'extrait, on divise donc la masse de l'extrait obtenue après extraction par le volume du solvant dans lequel on a dissout cet extrait ($C_1$(g/mL))comme le montre la relation suivante :
La concentration massique d'échantillon $C_g$ en g/mL :

$$C_g = \frac{m_{extrait}(g)}{V(mL)}$$

La concentration massique d'échantillon dans la cellule $C_g'$ en g/mL :

$$C_g' = \frac{C_g \times V_{utilisée}}{V_{Totale}}$$

le volume ajoutée de chaque extrait en mL

le volume totale dans la cellule en mL ($25\ mL\ de\ soltion\ tampon + V_{ajoutée}$)

L'équation obtenue d'après la courbe linéaire de l'acide ascorbique est :
$$y = b + ax$$
Où :

$y$ : représente la valeur de la densité anodique du courant.

$x$: représente la valeur de la concentration du standard en g.L$^{-1}$.

En remplaçant à chaque fois la valeur de la densité du courant dans l'équation précédente, on trouve la valeur de la concentration équivalente de l'acide ascorbique $C_{éq}$ en g/L.

L'activité antioxydante totale des extraits est calculée en utilisant l'équation suivante :

$$AAT\left(\frac{mg}{g}\right) = \frac{C_g\,(\frac{g}{L})}{C'_g\,(\frac{g}{mL})}$$

## Références

[1] G.Yakhlef (2009), Etude de l'activité biologique des extraits de feuilles de Thuymus VulgarisL. Et Laurus Nobilis, Mémoire présentée pour l'obtention du diplôme de magister en biochimie appliquée.

[2] F. Bedioui (1999), Voltampérométrie sur électrode solide. Introduction, Technique de l'ingénieur.

[3] T. Odake, M. Tabuchi, T. Sato, H. Susaki, T. Korenaga (2001), Analytical Sciences, 17: 535.

[4] P.T. Kissinger, W. R. Heinemann (1984), Laboratory techniques in electroanalytical Chemistry, Marcel Dekker, New York.

[5] L. Idrissi (2006), Etude et développement de nouvelles méthodes électrochimiques pour la détermination des ions orthophosphate, Nitrite,Nitrate et Ammonium, Thèse de doctorat d'état, Université de Rabat, p.49

[6] B.Torbiero (2006), Développement de microcapteurs électrochimiques pour l'analyse en phase liquide, thèse de doctorat, Institut National des Sciences Appliquées de Toulouse, p.22.

[7] C. LAMY (2007). Conséquences de la dégénérescence des corps cellulaires dopaminergiques de la substance noire sur la neurotransmission dopaminergique dans le noyau caudé : Approches méthodologiques en microdialyse et voltamétrie, Memoire Pour l'obtention du diplôme de l'Ecole Pratique des Hautes Etudes, p.23.

[8] L. Lacourcelle (1997), Traite de Galvanotechnique , Galva-conseils edition.

[9] S. Gilman, 1966. Trans. Faraday Soc. 62:466.

[10] Richard G. Compton ,Craig E. Banks (2011), Understanding Voltammetry, $2^{nd}$ edition, Imperical College Press, London, p.107

[11] J. Wang (2006), Analytical Electrochemistry, John Wiley and Sons, Inc, Canada, p. 29,32, 80,81,82.

[12] C. G. Granqvist (2002), Handbook of Inorganic Electrochromic Materials, Elsevier Science B.V, Amsterdam, p.95.

[13] F.Scholz, V. Mirčeski, Š.Komorsky-Lovrić, M. Lovrić (2007), Square-Wave Voltammetry: Theory and Application, Springer-Verlag Berlin, Heiderlberg, p .1.

[14] J.F. Rusling,T.F. Kumosinski (1996), Nonlinear Computer Modeling of Chemical and Biochemical Data, Academic Press, INC, London, p. 201.

[15] P. N. Bartlett (2008), Bioelectrochemistry: Fundamentals, Experimental Techniques and Applications, John Wiley and Sons Ltd, England, p. 61,62.

[16] F. Scholz (2010), Electroanalytical Methods: Guide to Experiments and Applications , Springer-Verlag Berlin, Heidelberg , p. 121,123,125

[17] P. Kilmartin, H. Zou, and A.Waterhouse†; A Cyclic Voltammetry Method Suitable for Characterizing Antioxidant Properties of Wine and Wine Phenolics, (2001), J. Agric. Food Chem., 49 :1957-1965.

# Chapitre IV :
# Résultats et discussion

## IV.1. Analyse quantitative des composés phénoliques :

Les différents extraits ont des couleurs caractéristiques, cela est due à la présence des pigments végétaux ou bien les polyphénols. Dans notre étude, nous nous intéressons à quantifier ces substances. De nombreuses études ont démontré de façon concluante que l'activité antioxydante peut être issue en général de composés tels que le flavonoïde, le isoflavone, le flavone, le anthocyanine, le catéchine et les isocatechine, plutôt que de la vitamine C, E et b-carotène [1].

L'étude quantitative des extraits bruts des échantillons de deux variétés d'aubergine au moyen des dosages spectrophotométriques avait pour objectif la détermination de la teneur en polyphénols totaux.

Une droite d'étalonnage (Figure IV.1.) a été tracée pour cet objectif qui est réalisée avec des solutions d'étalons à des concentrations différentes.

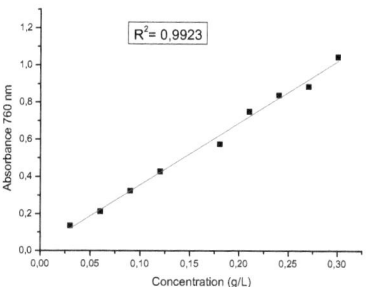

*Figure IV.1.* La courbe d'étalonnage d'acide gallique.

La quantité des polyphénols correspondante a été rapportée en milligramme par un gramme de la matière végétale sèche équivalent en acide gallique.

Les résultats obtenus ont permis de donner des estimations sur les quantités des polyphénols contenus dans les échantillons d'aubergine et le tableau IV.1 rassemble les taux en polyphénols totaux dans les différents extraits étudiés.

|  | Variété | Teneur en polyphénols (mg/g) des aubergines fraîche. | | | Teneur en polyphénols (mg/g) des aubergines congelée | | |
| --- | --- | --- | --- | --- | --- | --- | --- |
|  |  | Cortex | Pulpe | entière | Cortex | Pulpe | entière |
| Fraction éthanolique | AB | 87.82 | 25.29 | 30.51 | 27.33 | 7.30 | 58.88 |
|  | AV | 548.77 | 24.13 | 20.14 | 106.11 | 23.87 | 317.36 |
| Fraction aqueuse | AB | 41.30 | 15.29 | 15.43 | 51.01 | 15.95 | 15.46 |
|  | AV | 82.31 | 23.78 | 19.47 | 87.716 | 39.95 | 18.53 |

*Tableau IV.1.* Taux en polyphénols totaux selon les fractions phénoliques, les parties et les variétés des échantillons d'aubergine.

## IV.1.1. Fraction éthanolique :

Les fractions éthanoliques de l'aubergine violette (fraîche et congelée) sont de couleurs différentes : verte, jaune et verte jaunâtre successivement selon les parties (cortex, pulpe et fruit entier) tandis qu'elles sont de même couleur jaune claire pour l'aubergine blanche (fraîche et congelée). Cela est dû à la diversité de leurs contenus polyphénoliques.

L'analyse des fractions éthanoliques des cortex, pulpes et fruits entiers des deux variétés d'aubergines fraiches montre une très forte abondance des composés poly -phénoliques dans les extraits des cortex mais avec des valeurs différentes. Bien que ces valeurs ont diminué dans l'état congelé (les fractions éthanoliques des aubergines entières des deux variétés ont montré les valeurs les plus élevées).

Si nous comparons le contenu polyphénolique, nous remarquons que les pluparts des échantillons frais contiennent plus des polyphénols que ceux des échantillons congelés, soit par exemple 548.77 mg/g contre 106.11 mg/g pour le cortex frais et congelé respectivement pour les variétés AV et cela peut être expliqué par l'effet de congélation sur certains composés phénoliques.

Aussi la variété AB représente des teneurs en polyphénols plus importants, elle est caractérisé par un cortex blanc (ne contenant pas de pigments bleus - anthocyanines), et selon la référence [2], elle renferme une faible teneur en composés phénoliques dans son cortex avant la période de stockage par rapport au cortex violet-pourpre, malgré qu'elle est riche en acide chlorogénique, cependant, la quantité d'acide chlorogénique dans le cortex de fruit a diminué considérablement après le stockage.

Ainsi, selon les résultats du tableau IV.1, on observe que le contenu polyphénolique des deux fruits entiers AB et AV est très important et dans certains cas plus élevés que ceux du cortex, cela peut être dû à leur richesse en acides phénoliques libres qui sont une partie importante des composés phénoliques végétaux. On peut citer, l'acide chlorogénique, l'acide 3-4-dihydroxycinnamique et l'acide rosmarinique qui ont été détectés dans la pulpe des fruits d'aubergine. Le plus abondant de ces acides était l'acide chlorogénique, il présente plus de 97% des trois acides [2].

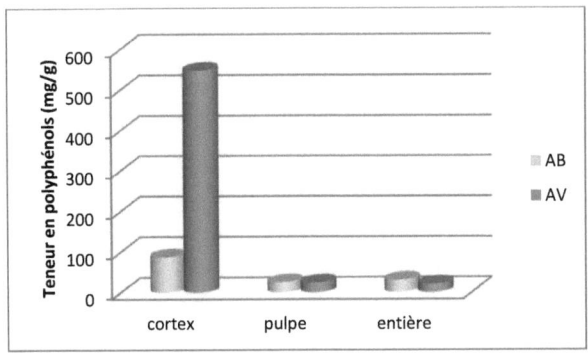

*Figure IV.2.* Variabilité de la composition en polyphénols totaux dans les différentes fractions éthanolique extraites des aubergines fraîches.

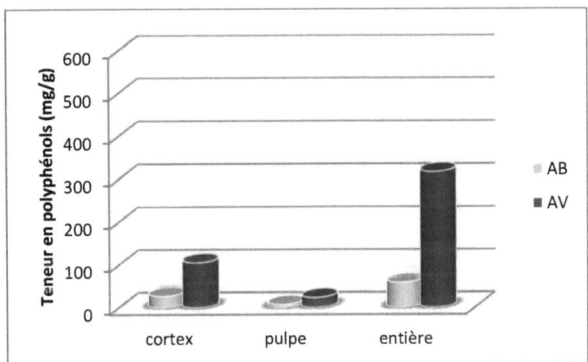

*Figure. IV.3.* Variabilité de la composition en polyphénols totaux dans les différentes fractions éthanolique extraites des aubergines congelées.

## IV.1.2. Fraction aqueuse :

Les fractions aqueuses des deux variétés d'aubergine (fraîche et congelée) présentent la couleur : orange, selon les parties (cortex, pulpe et entière) de la variété d'aubergine AV mais elles présentent la couleur orange foncés dans les différentes parties d'aubergine AB. Tous cela peut être dû à leurs contenues en composés polyphénolique, notamment les anthocyanes aussi d'après les résultats du tableau IV.1, On remarque que la quantité des composés polyphénolique dans les extraits bruts est importante.

Aussi pour l'aubergine AV dans les deux cas (frais et congelé), cette fraction montre une forte abondance en polyphénols totaux dans les extraits des cortex mais avec des proportions différentes, suivie par le contenu de pulpe puis d'aubergine entière. Pour la variété d'aubergine AB dans les deux cas (frais et congelé), la teneur en polyphénols pour les fractions aqueuses des cortex été partiellement élevée par rapport aux fractions de pulpes et d'aubergines entières.

Si nous comparons le contenu en polyphénols, nous remarquons que les échantillons congelés d'AB contiennent plus de polyphénols totaux que ceux des échantillons frais et même remarque dans le cultivar d'AV, malgré que les valeurs des deux cas sont proches, cela peut être expliqué comme suit : la congélation n'a pas des effets sur certains composés phénoliques.

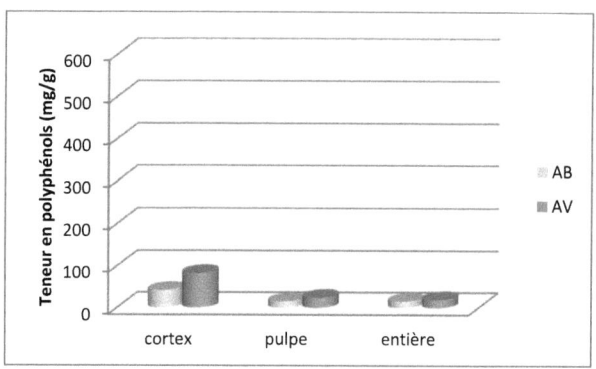

*Figure IV.4.* Variabilité de la composition en polyphénols totaux dans les différentes fractions aqueuses extraites des aubergines fraîches.

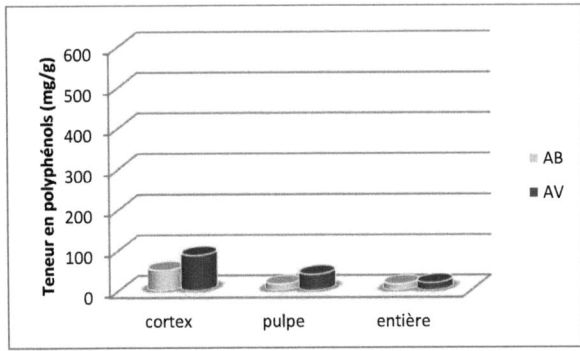

***Figure.IV.5.*** Variabilité de la composition en polyphénols totaux dans les différentes fractions aqueuses extraites des aubergines congelées.

## IV.2. Paramètres électrochimiques des extraits d'aubergines :

| Cultivars | | Conc. (g/ml) | Etude par voltammétrie cyclique | | | | | Etude par voltammétrie à onde carrée | |
|---|---|---|---|---|---|---|---|---|---|
| | | | $I_{p,a}$ ($\mu A/cm^2$) | $E_{p,a}$ (mV) | $I_{p,c}$ ($\mu A/cm^2$) | $E_{p,c}$ (mV) | $\frac{E_{pa} + E_{pc}}{2}$ | di ($\mu A/cm^2$) | E (mV) |
| AB | Cortex | $2.67 \times 10^{-4}$ | 3,17 | 190.8 | -2.94 | 56.6 | 123,7 | 1,15 | 104.94 |
| | Pulpe | $7.60 \times 10^{-4}$ | | | | | | 0,56 | 119.74 |
| | Entière | $24.32 \times 10^{-4}$ | 1,79 | 181.4 | -1.98 | 37.5 | 109,45 | 0,74 | 104.90 |
| AV | Cortex | $0.83 \times 10^{-4}$ | 3,58 | 293.1 | -1.60 | -48.3 | 122,4 | 1,74 | 119.85 |
| | Pulpe | $5.71 \times 10^{-4}$ | 0,98 | 219.3 | -0.74 | 57.5 | 138,4 | 0,309 | 120.10 |
| | Entière | $6.42 \times 10^{-4}$ | 1,01 | 172.7 | -0.97 | -4.6 | 84,05 | 0,37 | 119.95 |

***Tableau IV.2.*** Paramètres électrochimiques des fractions éthanoliques des échantillons frais d'aubergine sur l'électrode du carbone vitreux en solution tampon phosphatique.

| Cultivars | | Conc. (g/ml) | Etude par voltammétrie cyclique | | | | | Etude par voltammétrie à onde carrée | |
|---|---|---|---|---|---|---|---|---|---|
| | | | $I_{p,a}$ ($\mu A/cm^2$) | $E_{p,a}$ (mV) | $I_{p,c}$ ($\mu A/cm^2$) | $E_{p,c}$ (mV) | $\frac{E_{pa}+E_{pc}}{2}$ | di ($\mu A/cm^2$) | E (mV) |
| AB | Cortex | 35.31 × 10⁻⁴ | 8,00 | 377.1 | -4.03 | -50.1 | 163,5 | 1,84 | 119.96 |
| | Pulpe | 218.13 × 10⁻⁴ | 4,30 | 499.6 | | | 249,8 | 0,71 | 119.85 |
| | Entière | 98.60 × 10⁻⁴ | 2,17 | 218.0 | -2.24 | -7.6 | 105,2 | 0,84 | 119.90 |
| AV | Cortex | 13.84 × 10⁻⁴ | 10,59 | 234.3 | -5.06 | -7.5 | 113,4 | 2,68 | 120.00 |
| | Pulpe | 92.73 × 10⁻⁴ | 7,37 | 461.2 | -2.60 | -19.0 | 221,1 | 1,30 | 165.04 |
| | Entière | 42.93 × 10⁻⁴ | 4,77 | 215.5 | -3.35 | 49.2 | 132,35 | 0,82 | 150.33 |

***Tableau IV.3.*** Paramètres électrochimiques des fractions aqueuses des échantillons frais d'aubergine sur l'électrode du carbone vitreux en solution tampon phosphatique.

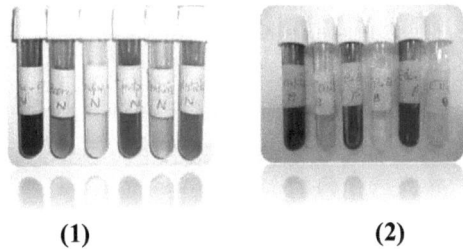

(1)  (2)

***Figure.IV.6.*** Tubes contenus les différents extraits frais de trois parties pour chaque variété ; Cultivar AV, (2) Cultivar AB.

| Cultivars | | Conc. (g/ml) | Etude par voltammétrie cyclique | | | | | Etude par voltammétrie à onde carrée | |
|---|---|---|---|---|---|---|---|---|---|
| | | | $I_{p,a}$ ($\mu A/cm^2$) | $E_{p,a}$ (mV) | $I_{p,c}$ ($\mu A/cm^2$) | $E_{p,c}$ (mV) | $\frac{E_{pa}+E_{pc}}{2}$ | di ($\mu A/cm^2$) | E (mV) |
| AB | Cortex | 3.66 × 10⁻⁴ | 0,89 | 200.3 | -0.70 | 89.7 | 145 | 0,44 | 119.94 |
| | Pulpe | 6.54 × 10⁻⁴ | 0,63 | 196.4 | -0.66 | 111 | 153,7 | 0,74 | 90.00 |
| | Entière | 4.66 × 10⁻⁴ | 0,97 | 168.7 | -0.87 | 44.5 | 106,6 | 0,78 | 119.83 |
| AV | Cortex | 4.14 × 10⁻⁴ | 3,45 | 232.7 | -1.81 | -107.7 | 62,5 | 1,52 | 119.93 |
| | Pulpe | 4.40 × 10⁻⁴ | 1,27 | 194.4 | -1.09 | -111.1 | 41,65 | 0,51 | 120.06 |
| | Entière | 0.45 × 10⁻⁴ | 1,19 | 163.6 | -0.97 | 56.5 | 110,05 | 0,90 | 105.14 |

***Tableau IV.4.*** Paramètres électrochimiques des fractions éthanoliques des échantillons congelés d'aubergine sur l'électrode du carbone vitreux en solution tampon phosphatique.

| Cultivars | | Conc. (g/ml) | Etude par voltammétrie cyclique | | | | | Etude par voltammétrie à onde carrée | |
|---|---|---|---|---|---|---|---|---|---|
| | | | $I_{p,a}$ ($\mu A/cm^2$) | $E_{p,a}$ (mV) | $I_{p,c}$ ($\mu A/cm^2$) | $E_{p,c}$ (mV) | $\dfrac{E_{pa}+E_{pc}}{2}$ | di ($\mu A/cm^2$) | E (mV) |
| AB | Cortex | $7.46 \times 10^{-4}$ | 2,88 | 194.5 | -2.41 | 110.1 | 152,3 | 0,59 | 119.94 |
| | Pulpe | $52.05 \times 10^{-4}$ | 1,05 | 208.9 | | | 104,45 | 0,65 | 119.95 |
| | Entière | $8.72 \times 10^{-4}$ | 6,40 | 478.0 | -1.72 | -17.5 | 230,25 | 0,69 | 405.24 |
| AV | Cortex | $8.53 \times 10^{-4}$ | 4,50 | 399.6 | -1.48 | -94.8 | 152,4 | 1,74 | 120.05 |
| | Pulpe | $46.79 \times 10^{-4}$ | 8,92 | 247.5 | -3.01 | -30.2 | 108,65 | 2,56 | 149.92 |
| | Entière | $51.09 \times 10^{-4}$ | 5,11 | 252.2 | -1.55 | -46.6 | 102,8 | 1,33 | 150.15 |

*Tableau IV.5.* Paramètres électrochimiques des fractions aqueuses des échantillons congelés d'aubergine sur l'électrode du carbone vitreux en solution tampon phosphatique.

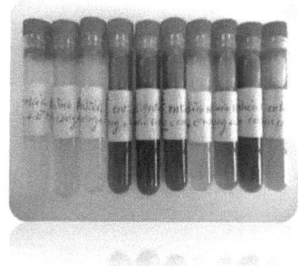

*Figure.IV.7.* Tubes contenus les différents extraits congelés de trois parties des deux variétés d'aubergine.

Les valeurs des potentiels des pics anodiques présentés dans les tableaux précédents (IV.2, 3, 4, 5) et les couleurs des fractions éthanoliques et aqueuses obtenues, montrent la composition différentes en contenu phénolique des cortex, pulpes et des fruits entiers. Ainsi que les voltammogrammes des échantillons qui montrent d'une façon très claire cette différenciation.

L'oxydation de la plupart des composés phénoliques des échantillons d'aubergine sont quasi-réversible mais dans les cas des extraits des cortex, on observe que l'oxydation est réversible et on avait un seul cas qui présenté un seul pic anodique qui montre l'irréversibilité de l'oxydation.

Certains petits pics cathodiques étaient vus à certains moments, à potentiels plus négatifs que ceux attendus pour une réduction réversible. Ces courants cathodiques sont dus à la réduction des produits d'oxydation différents, dont certains restent adsorbés sur l'électrode de carbone [3].

### IV.3. Evaluation de l'activité antioxydante :

### IV.3.1. Méthode électrochimique :

Ces méthodes sont basées sur l'électroactivité du substrat dans les conditions opératoires choisis. L'électroactivité du substrat et son comportement dans le milieu sont traduit par des voltammogrammes reproductibles. L'évaluation de l'activité antioxydante de nos extraits bruts des espèces étudiées d'aubergine a été effectuée à l'aide de l'antioxydant standard.

Puisque l'acide ascorbique est connu pour ses propriétés antioxydant très intéressantes, il est donc utilisé comme standard dans notre étude, nous notons que l'étude est effectuée dans le domaine d'électroactivité d'acide ascorbique pour évaluer l'activité antioxydante des échantillons d'aubergines.

L'activité antioxydante de nos extraits est exprimée en mg/g, ce paramètre a été employé par plusieurs groupes des chercheurs pour présenter leurs résultats, il définit la concentration de composés phénoliques contenus en (mg) dans 1g de l'extrait sec équivalent en acide ascorbique.

L'activité antioxydante est quantifiée par le rapport entre l'équivalent de l'activité en acide ascorbique et la concentration de l'extrait brut (figure IV.8).

Les valeurs de l'activité antioxydante pour chaque extrait sont regroupées dans les (Tableau IV.6,7,8,9).

### IV.3.2. Réponse de courant et la courbe d'étalonnage :

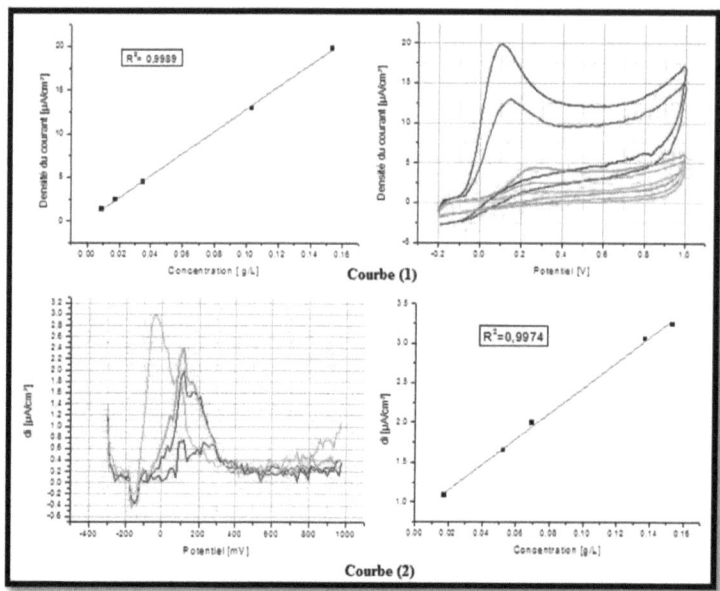

***Figure IV.8.*** : Les courbe d'étalonnage d'acide ascorbique pour les deux méthodes d'analyse électrochimiques utilisées : courbe (1) : pour la voltammétrie cyclique et courbe (2) : pour voltammétrie à onde carrée.

Les résultats de l'acide ascorbique est illustré dans la Figure IV.8, où les différentes valeurs du courant en fonction de la concentration sont définies.

D'après les voltammogrames obtenus, l'acide ascorbique se comporte comme un réducteur (l'absence de pic de retour cathodique) alors l'oxydation en général est irréversible.

La différence dans la réponse de courant entre les antioxydants peut être attribuée à la différence dans les coefficients de diffusion (D), et des barrières d'énergie sur l'électrode qui peut être améliorée en tant que la surface devient contaminer par les produits d'oxydation [3].

Les paramètres électrochimiques ont été extraits des voltampérogrammes cycliques afin de décrire le processus de l'oxydation, ils sont résumés dans les tableaux (IV.2, 3, 4,5).

## IV.3.2.1. Fractions phénoliques éthanoliques :
## IV.3.2.1.A. Etude par voltammétrie cyclique :

Selon les résultats obtenus par apport au standard (acide ascorbique), l'activité antioxydante la plus élevée a été exhibée par les extraits d'aubergine AV (frais et congelé) suivie par les extraits de l'aubergine AB.

Ainsi, grâce à leur richesse en acide chlorogénique, l'aubergine blanche AB présente aussi une activité importante.

D'après [1], la quantité d'acide chlorogénique dans la pulpe a diminué de façon marquée après le stockage, cela peut être expliqué l'absence de l'activité antioxydante dans l'extrait de pulpe d'aubergine blanche et aussi les faibles activités dans les autres parties.

Si nous comparons l'activité antioxydante dans les deux cas de deux variétés étudiées, nous remarquons que l'activité antioxydante dans les extraits du cortex frais est plus élevée que celles trouvées dans le cas congelé, au contraire dans la pulpe et fruit entier pour les variétés AB et AV.

Si nous comparons les deux cas des deux variétés AB et AV, on trouve que l'activité antioxydante du cortex montre une diminution significative lorsque on passe à l'état congelé, mais dans la pulpe et le fruit entière on observe le contraire, cela peut être dû à la sensibilité des antioxydants contenus dans les cortex contre la congélation.

L'histogramme de la figure (IV.9,10) illustre bien la variation de l'activité antioxydante selon les parties et les variétés d'aubergine étudiées.

## IV.3.2.1.B. Etude par voltammétrie à onde carrée :

La comparaison des activités antiradicalaire des fractions phénoliques éthanoliques révèle que le cortex d'aubergine AV représente le pouvoir antioxydant le plus élevé avec une valeur de 770.54 mg/g par rapport au cortex de la variété d'aubergine suivie AB avec une valeur de 173.32 mg/g.

Les fractions éthanoliques des cortex des deux variétés d'aubergines fraîches possèdent les pouvoirs antioxydants les plus élevés, qui diminuent d'une façon remarquable dans l'état congelé. Les fractions éthanoliques du fruit entier et de la pulpe, montre le contraire.

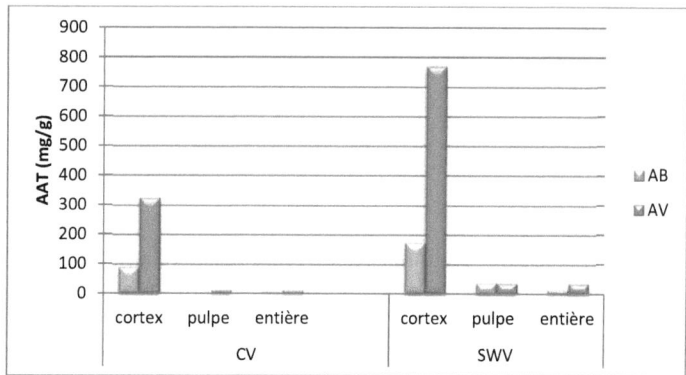

***Figure. IV.9.*** Pouvoir antioxydant de différentes fractions éthanoliques des aubergines fraîches.

| cultivars | | L'activité par CV | L'activité par SWV | Teneur en polyphénols |
|---|---|---|---|---|
| AB | Cortex | 89,52 | 173,32 | 87,82 |
| | Pulpe | - | 37,05 | 25,29 |
| | Entière | 5,40 | 13,96 | 30,51 |
| AV | Cortex | 324,34 | 770,54 | 548,77 |
| | Pulpe | 11,83 | 35,73 | 24,13 |
| | Entière | 10,91 | 35,11 | 20,14 |

***Tableau IV.6.*** Pouvoir antioxydant de différentes fractions éthanoliques des aubergines fraîches.

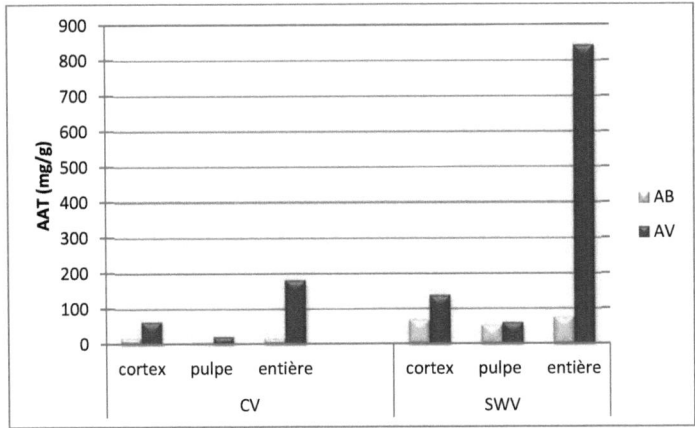

***Figure.IV.10.*** Pouvoir antioxydant de différentes fractions éthanoliques des aubergines congelées.

| cultivars | | L'activité par CV | **L'activité par SWV** | Teneur en polyphénols |
|---|---|---|---|---|
| AB | Cortex | 16,43 | 67,34 | 27,33 |
| | Pulpe | 6,17 | 51,86 | 7,30 |
| | Entière | 14,31 | 74,91 | 58,88 |
| AV | Cortex | 62,96 | 139,18 | 106,11 |
| | Pulpe | 20,46 | 60,51 | 23,87 |
| | Entière | 182,69 | 842,95 | 317,36 |

***Tableau IV.7.*** Pouvoir antioxydant de différentes fractions éthanoliques des aubergines congelées.

**IV.3.2.2. Fractions phénoliques aqueuses :**

**IV.3.2.2.A. Etude par voltammétrie cyclique :**

On remarque que les extraits des cortex de la variété AV dans les deux cas (frais et congelé) ont montré les pouvoirs antioxydants les plus importants avec les valeurs respectives 59.33 mg/g et 40,25 mg/g.

Les extraits phénoliques d'aubergine AV ont montré des activités antioxydantes plus élevés dans les trois parties (fruit entier, pulpe et cortex) par rapport à la variété d'aubergine AB, les tableaux IV.8 et IV.9 illustrent ces résultats.

L'explication qui peut être donnée dans ce cas, est que les fractions aqueuses renferment des molécules très puissantes et d'après l'étude antérieure [5], le cortex d'aubergine AV présente la valeur de l'activité antioxydante la plus élevée grâce à la présence de l'anthocyanine [5] en teneur élevée donc la couleur orange des extrais soluble dans l'eau est due à la présence de l'anthocyanine dans les différentes parties d'aubergines AV [4].

On observe une augmentation remarquable dans les valeurs de l'activité antioxydante des extraits des différentes parties de l'aubergine AB notamment les cortex lorsqu' on passe de l'état frais à l'état congelé.

### IV.3.2.2.B. Etude par voltammétrie à onde carrée :

D'après les résultats obtenus dans les deux tableaux IV.8 et IV.9, nous pouvons constater que les extraits des cortex des aubergines AV dans les deux cas frais et congelé possèdent les activités antioxydantes les plus élevées dont les valeurs 67.41 mg/g et 75.55 mg/g respectivement.

Les extraits phénoliques d'aubergine AV ont montré des activités antioxydantes plus élevés dans les trois parties (fruit entier, pulpe et cortex) par rapport à la variété d'aubergine AB.

Selon cette méthode, on perçoit que les extraits de pulpe de variété AV testés découvrent d'activité antioxydant important par rapport l'autre résultat de pulpe et dans le cas congelé, on peut détecter que les activités des extraits de variété AV seulement qui sont très importants.

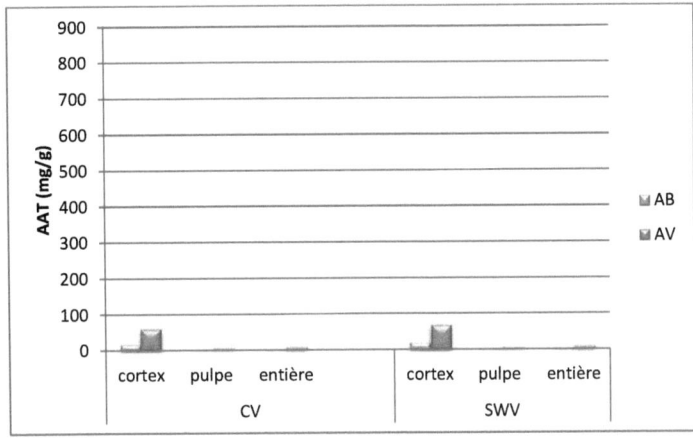

*Figure. IV.11.* Pouvoir antioxydant de différentes fractions aqueuses des aubergines fraîches.

| cultivars | | L'activité par CV | **L'activité par SWV** | Teneur en polyphénols |
|---|---|---|---|---|
| AB | Cortex | 17,50 | 19,09 | 41,30 |
| | Pulpe | 1,50 | 1,51 | 15,29 |
| | Entière | 1,63 | 3,73 | 15,43 |
| AV | Cortex | 59,33 | 67,41 | 82.31 |
| | Pulpe | 6,13 | 5,51 | 23,78 |
| | Entière | 8,50 | 8,44 | 19,47 |

*Tableau IV.8.* Pouvoir antioxydant de différentes fractions aqueuses des aubergines fraîches.

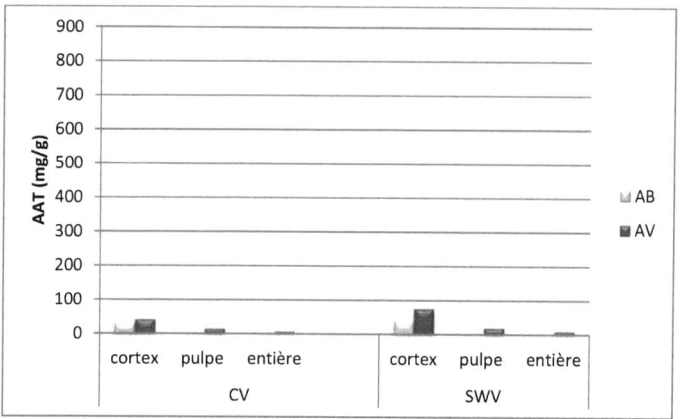

*Figure. IV.12.* Pouvoir antioxydant de différentes fractions aqueuses des aubergines congelées.

| cultivars | | L'activité par CV | **L'activité par SWV** | Teneur en polyphénols |
|---|---|---|---|---|
| AB | Cortex | 28,99 | 39,21 | 51,01 |
| | Pulpe | 1,40 | 5,96 | 15,95 |
| | Entière | 4,53 | 2,97 | 15,46 |
| AV | Cortex | 40,25 | 75,55 | 87,716 |
| | Pulpe | 14,76 | 19,12 | 39,95 |
| | Entière | 7,66 | 10,15 | 18,53 |

*Tableau IV.9.* Pouvoir antioxydant de différentes fractions aqueuses des aubergines congelées.

- Dans cette étude, on a deux types de fractions phénoliques, une soluble dans l'eau et l'autre dans le solvant extractant, l'éthanol. Selon les résultats présentés dans les tableaux (IV.6,7,8,9), on remarque que l'activité antioxydante des extraits phénoliques varient en fonction du solvant que dans le solubles (éthanol ou l'eau). En général, les fractions éthanoliques possèdent une activité antioxydante plus supérieure que les fractions aqueuses dans toutes les différentes parties des deux variétés d'aubergine étudiées, ces résultats peuvent être expliqués du fait que les structures chimiques des composés phénoliques solubles dans l'éthanol sont caractérisées par des effets antioxydants puissants. Grâce à ça, on trouve que l'extraction des antioxydants présents dans les l'aubergine par l'éthanol est très efficace que celle par l'eau [6].

• La comparaison des pouvoirs réducteurs du même solvant (éthanol ou eau) des extraits phénoliques d'aubergine révèle que la variété AV représentent les extraits les plus actifs avec une valeur 770 mg/g comparant avec la variété AB de 173.32 mg/g.

• Si nous comparons les valeurs des fractions entre les deux méthodes voltammétrie cyclique (CV) et voltammétrie à onde carrée (SWV) tableau IV.1, nous trouvons que le cultivar d'aubergine violette-pourpre AV dans les deux méthodes est le plus riche en molécule antioxydante.

• Il est très important de signaler que l'activité antioxydante se distribue entre les différentes parties mais généralement, la plus intéressante se trouve dans les cortex.

• Dans notre étude, si on compare entre les deux variétés AV et AB, on observe qu'il y a une corrélation entre les activités antioxydantes et les couleurs du cortex, car il est clair que l'aubergine AV notamment le cortex possède les valeurs les plus élevées de l'activité antioxidante.

• D'un autre côté, il y avait certains échantillons qui ont été caractérisés par un faible ou modéré contenus phénoliques mais avaient des activités antioxydantes élevées comme la fraction éthanolique de la pulpe congelé de la variété AB avec la valeur 51.86 mg/g de l'activité qui correspond à 7.30 mg/g de la quantité du composés phénoliques. Leurs hautes activités antioxydantes élevées peuvent être expliquée par la réactivité élevée de certaines unités phénoliques individuels, qui peuvent agir comme des antioxydants efficaces [4].

## IV.4. Corrélation entre la teneur en polyphénols totaux et l'activité antioxydante :

Afin de confirmer que l'activité antioxydante des extraits d'aubergine issue de leurs richesses en composés phénolique, nous avons essayé de trouver une corrélation linéaires entre les valeurs de capacités antioxydantes calculées par les deux méthodes électrochimique : voltammétrie cyclique et voltammétrie à onde carrée de chaque fraction avec leur contenu en polyphénol totaux.

### IV.4.1. Fraction éthanolique :

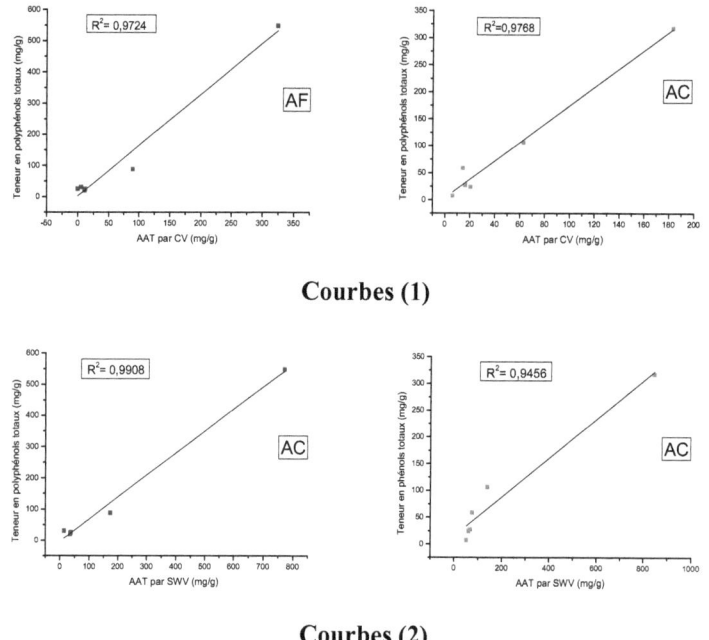

Courbes (1)

Courbes (2)

*Figure. IV.13.* Corrélation entre la teneur en polyphénols totaux des fractions éthanoliques d'échantillon frais et congelé et les analyses par CV Courbes (1) et SWV Courbes (2).

D'après ces tracés, une corrélation significative est observée entre la teneur en polyphénols totaux et l'activité antioxydante, avec $R^2= 0.97$ et $R^2= 0.99$ pour les analyses par CV et SWV respectivement dans le cas frais et $R^2= 0.97$ et $R^2= 0.94$ pour les analyses par CV et SWV respectivement dans le cas congelé.

Alors cette coordinance confirme que l'activité antioxydante des extraits phénoliques solubles dans l'éthanol dans les deux cas frais et congelé peut être due principalement à leur teneur en polyphénols totaux, ce qui est confirmé par la bibliographie qui montre que les composés phénoliques sont des donneurs puissants des protons dans les légumes et les fruits.

### IV.4.2. Fraction aqueuse :

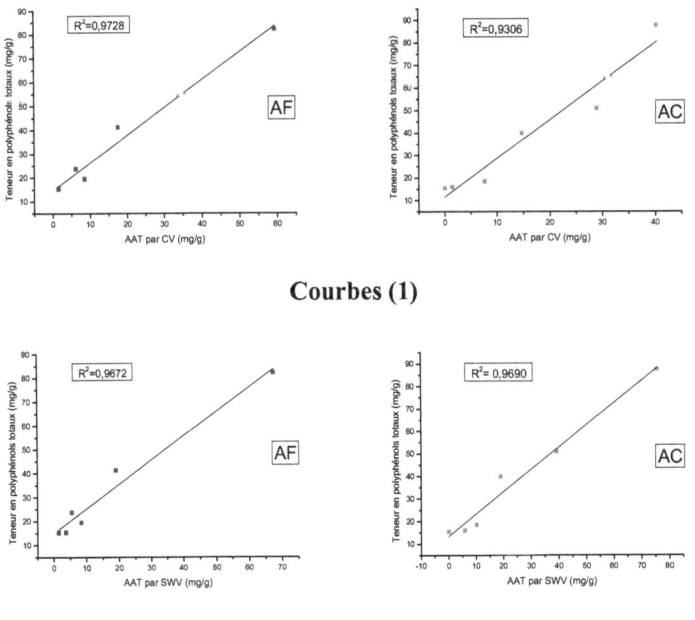

Courbes (1)

Courbes (2)

***Figure. IV.14.*** Corrélation entre la teneur en polyphénols totaux des fractions aqueuses d'échantillon frais et congelé et les analyses par CV Courbe (1) et SWV Courbe (2).

Une forte corrélation, est remarqué dans les cas frais entre les taux des polyphénols totaux des extraits phénoliques solubles dans l'eau et les activités antioxydantes calculée par CV et SWV avec $R^2=0.97$ et $R^2=0.96$.

Une corrélation a été enregistrée entre les taux des polyphénols totaux dans le cas congelé des extraits phénoliques solubles dans l'eau et les activités antioxydantes calculées par CV et SWV avec ($R^2= 0.93$ et $R^2= 0.96$ respectivement)

L'explication qui peut être retenu dans l'augmentation du coefficient de corrélation selon le solvant, est la suivante : les fractions aqueuses renferment des molécules qui ont des pouvoir réducteurs très importants qui peuvent être les sucres, aussi le gout et l'odeur confirme cela.

En effet, les paramètres qui peuvent agir sur les capacités antioxydantes des extraits dans les deux méthodes électrochimiques sont, le solvant, la concentration, la structure, la taille, l'influence globale entre les antioxydants, et le potentiel oxydo-réducteur.

## Références

[1] P.Akanitapichat, K. Phraibung, K. Nuchklang, and S. Prompitakkul (2010), Antioxidant and hepatoprotective activities of five eggplant varieties; Food and Chemical Toxicology, 48:3017–3021.

[2] M.Gajewski, K. Katarzyna, M. Bajer (2009), The Influence of Postharvest Storage on Quality Characteristics of Fruit of Eggplant Cultivars; Not. Bot. Hort. Agrobot. Cluj, 37 (2):200-205.

[3] P. Kilmartin, H. Zou, and A.Waterhouse†; A Cyclic Voltammetry Method Suitable for Characterizing Antioxidant Properties of Wine and Wine Phenolics (2001), J. Agric. Food Chem., 49:1957-1965.

[4]M.Horbowicz, R. Kosson, A. Grzesiuk, H.Debski (2008), Anthocyanins of Fruits and Vegetables- their Occurrence, Analysis and Role in Human Nutrition, 68: 5-22.

[5]E. Sadilova, F.C. Stintzing, and R. Carle (2006), Anthocyanins, Colour and Antioxidant Properties of Eggplant (Solanum melongena L.) and Violet Pepper (Capsicum annuum L.) Peel Extracts, Z. Naturforsch, 61c:527-535.

[6]C. Kaurl and H. C. Kapoor (2002), Anti-oxidant activity and total phenolic content of some Asian vegetables, International Journal of Food Science and Technology, 37:153-161.

# CONCLUSION GÉNÉRALE

La présente étude a pour but d'étudier deux variétés locales d'aubergine, blanche et violette-pourpre provenant de la région d'El-Oued (Guemar), ainsi de mettre en évidence la distribution des composés phénoliques (polyphénols) dans les différentes parties (cortex, pulpe) à travers de leurs teneurs en composés phénoliques et leurs activités antioxydantes.

Le test de Folin Ciocalteu, montre que la teneur en polyphénols totaux est très importante dans les deux différentes variétés d'aubergine, blanche et violette-pourpre et cela pour toutes les parties dans les deux fractions.

En effet, les résultats présentés, nous ont démontré que le cortex d'aubergine violette-pourpre renferme une richesse phénolique considérable comparant avec d'autres variétés, ce qui confère à sa variété une aptitude longue à la conservation.

Les techniques électrochimiques utilisées indiquent que la variété d'aubergine violette-pourpre (congelée ou fraiche) montre des activités antioxydantes très intéressantes. Ainsi, les activités antioxydantes se distribuent entre les différentes parties mais les cortex contiennent les valeurs majeures notamment pour les aubergines violettes-pourpres.

De plus, la fraction éthanolique présente une activité antioxydante plus élevée comparant avec la fraction aqueuse.

Cette étude a confirmé qu'il y a une concordance entre le contenu phénolique des extraits et son contribution à l'activité antioxydante dans la plupart des cas. Cependant, nous observons dans certains cas que malgré le contenu de polyphénols totaux faible, l'activité antioxydante est intéressante, ce qui expliqué par l'efficacité de chaque types des polyphénols.

Oui, je veux morebooks!

# I want morebooks!

Buy your books fast and straightforward online - at one of the world's fastest growing online book stores! Environmentally sound due to Print-on-Demand technologies.

Buy your books online at
## www.get-morebooks.com

Achetez vos livres en ligne, vite et bien, sur l'une des librairies en ligne les plus performantes au monde!
En protégeant nos ressources et notre environnement grâce à l'impression à la demande.

La librairie en ligne pour acheter plus vite
## www.morebooks.fr

OmniScriptum Marketing DEU GmbH
Heinrich-Böcking-Str. 6-8
D - 66121 Saarbrücken
Telefax: +49 681 93 81 567 9

info@omniscriptum.com
www.omniscriptum.com

Printed by Books on Demand GmbH, Norderstedt / Germany